玥嘴一班學習系列

玥嘴一班
數學王

漫畫編寫：卓瑩
數學謎題：程志祥

新雅文化事業有限公司
www.sunya.com.hk

鬥嘴一班學習系列

鬥嘴一班數學王

編　　者：新雅編輯室
漫畫編寫：卓瑩
數學謎題：程志祥
繪　　圖：HoiLam、步葵
責任編輯：林沛暘
美術設計：李成宇
出　　版：新雅文化事業有限公司
香港英皇道 499 號北角工業大廈 18 樓
電話：(852) 2138 7998
傳真：(852) 2597 4003
網址：http://www.sunya.com.hk
電郵：marketing@sunya.com.hk
發　　行：香港聯合書刊物流有限公司
香港荃灣德士古道 220-248 號荃灣工業中心 16 樓
電話：(852) 2150 2100
傳真：(852) 2407 3062
電郵：info@suplogistics.com.hk
印　　刷：中華商務彩色印刷有限公司
香港新界大埔汀麗路 36 號
版　　次：二〇一八年六月初版
二〇二四年三月第六次印刷

ISBN: 978-962-08-7034-7

18/F, North Point Industrial Building, 499 King's Road, Hong Kong
Published in Hong Kong SAR, China
Printed in China

編者的話

新雅編輯室

人類的大腦中，左右腦各自負責不同的功能。左腦主導邏輯思維、語言文字等，右腦主宰空間圖像、創意藝術等。整個大腦就像一塊未經雕琢的璞玉，有很多尚待開發的地方。如果在孩子還小的時候就開始訓練，相信能發掘出他們無限的潛質，對腦部發展大有幫助。因此我們結合了《鬥嘴一班》作者卓瑩所撰寫的短篇數學漫畫故事，以及數學教師程志祥特別設計的數學謎題，期望激發孩子左右腦潛藏的能力，達至全腦開發的效果。

設計本書的時候，我們旨在讓孩子能夠愉快地學習數學。書中每一部分均能讓孩子領會數學的趣味：惹笑的數學漫畫故事、千變萬化的數學謎題，還有「數學遊樂場」中的數字卡遊戲、數字魔術師和數學小實驗，務求讓孩子玩出智慧。

過度操練算術題，會削弱孩子的思考能力。不過，只要激活孩子的左右腦，數學能力自然大大提升。我們建議孩子善用《鬥嘴一班數學王》，靈活運用各種方法去解決數學謎題，並在遊戲中訓練出數學腦。各位孩子，趕快啟動大腦，來挑戰「數學王」的稱號吧！

目錄

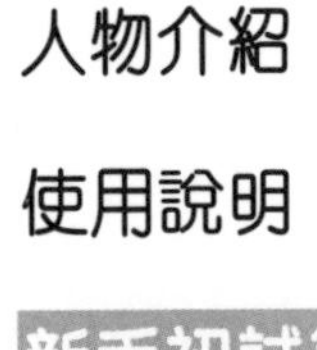

人物介紹

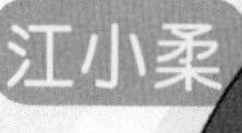

使用說明

特色：

- 本書按程度分為 3 個等級，每個程度包含不同的數學謎題，分別是：

升級挑戰篇：30 題

頂上決戰篇：40 題

- 本書每一個對頁中，左頁是訓練左腦運算能力的「**數字邏輯遊戲**」，右頁是發揮右腦創造潛能的「**圖形與空間遊戲**」，重點讓全腦開發！
- 每道數學謎題均詳列可訓練哪些能力，包括**創造力**、**邏輯推理能力**、**觀察力**、**空間判斷力和想像力**。簡單圖示，一目了然！
- 每道數學謎題均設「**解題攻略**」，提示如何較快找到答案。
- 每道數學謎題均設置了合理的「**解題時間**」，視乎難易程度設定在 5 秒至 5 分鐘之內。

使用方法：

- 拿出計時器，在限定時間內作答。（可視乎需要，先完成「左腦訓練」或「右腦訓練」，也可同時完成左右腦訓練。）
- 完成所有數學謎題後可核對答案，每答對一題得 1 分。把各個等級的左腦題目和右腦題目的分數分別加起來，得出左腦總分和右腦總分，再參閱第 128 頁的「腦袋分析」，看看自己的左腦還是右腦比較厲害吧！

新手初試篇

肥「重」難分？

你又如何？
42.0 KG
你也不見得比我好很多！
不如我們打個賭吧！下個月再量體重時，如果你比我輕，我便請你吃雪糕，怎麼樣？
哼，
比就比！

珠珠家
要保持身材苗條，便得從飲食和運動兩方面着手。
媽媽，我也想要試試看啊！
飲食
運動
雖然未必真的能瘦身，但你願意吃得健康一點和多做運動，也是好事。

決心
跑
跳
扭

一個月後……

哈哈，
我什麼也沒
做，便減了
1 公斤呢！
這有什麼了不
起？你快下來，
看我的！

怎麼了？
88.0 lbS
啊
我那麼拼命減
肥，為什麼不
沒瘦身，反而
43 公斤變成了
88 公斤？

珠珠，這是 88 磅，而不是 88 公斤呢！可能是你誤碰了磅秤的按鈕，把體重單位由公斤變成磅了！
嘻嘻
那麼我真正的體重是多少？
耶！
我成功了！
如果按 1 公斤大約等於 2.2 磅來換算，你現在應該是 40 公斤吧！
哼

左腦訓練1

解題時間：1分鐘

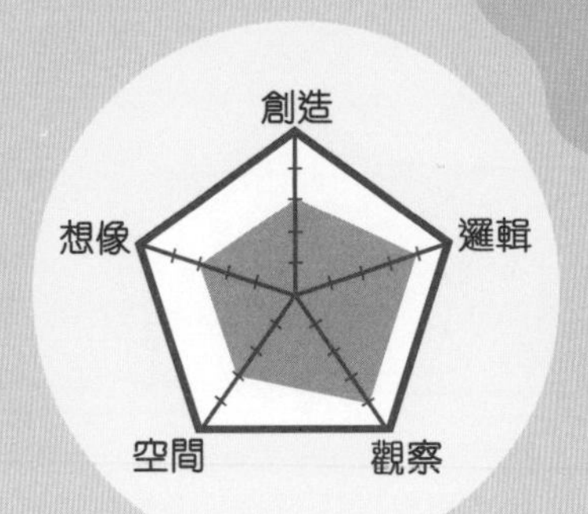

在空格內填入1至4，使橫行、直行及⊞內的4個數字都不相同。

	2		
	3		
2		1	
		2	4

解題攻略

先完成只欠一個數字的⊞。

右腦訓練1

解題時間：20秒

用左手一筆過畫出以下圖形，畫過的地方不可以重複。

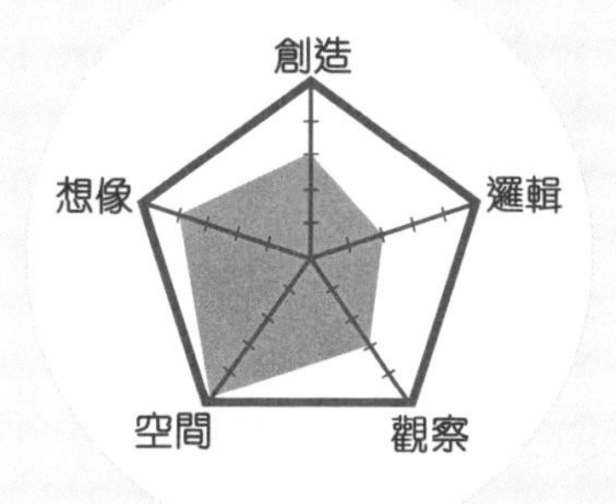

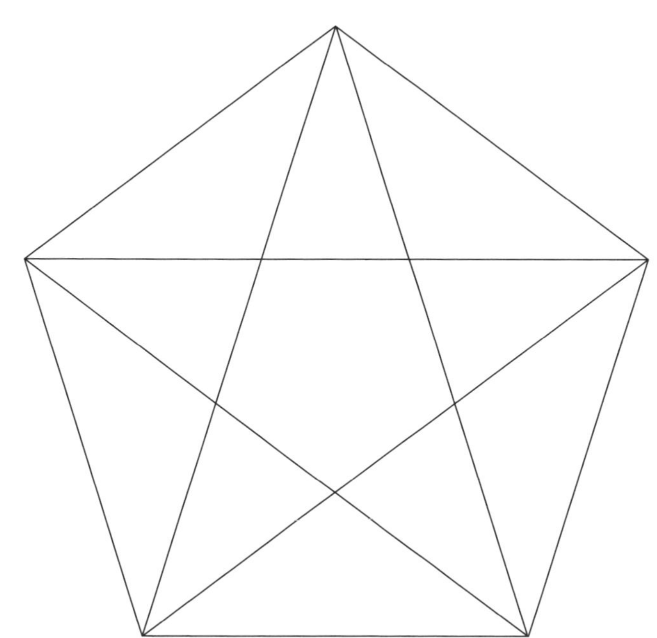

解題攻略

先確定哪一點是起點。

左腦訓練 2

解題時間：30秒

在空格內填入2至6其中兩個數字，使它成為等式。

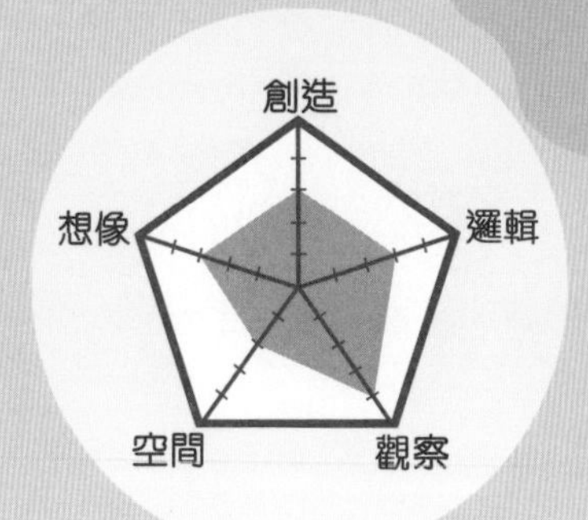

$$\frac{7}{12} = \frac{1}{\square} + \frac{1}{\square}$$

解題攻略

看看分子可由什麼數字相加而成。

解題時間：10秒

數一數，哪種圖形最多？

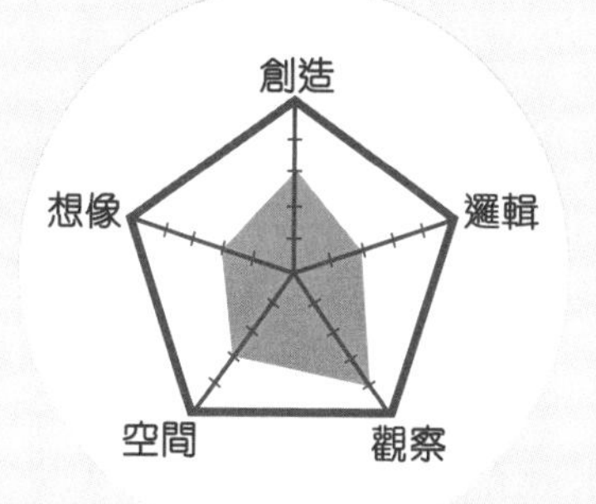

解題攻略

留意是圓形、長方形，
還是三角形較多。

左腦訓練 3

解題時間：10秒

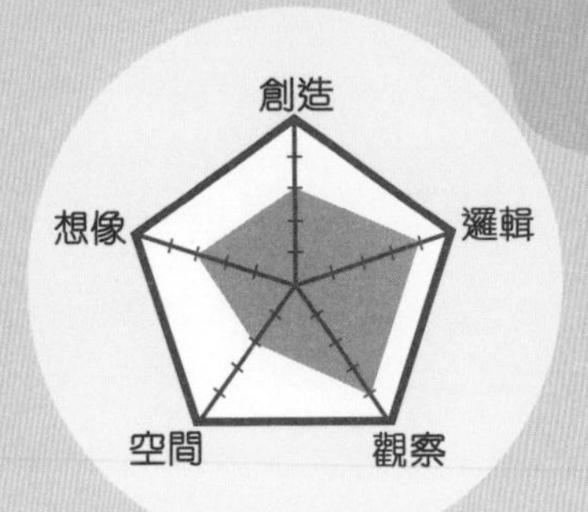

在空格內填入「+」、「−」、「×」或「÷」，使每條算式都正確。

7 □ 3 = 21 = 16 □ 5

解題攻略

算式可由左至右，或由右至左計算。

右腦訓練3

解題時間：10秒

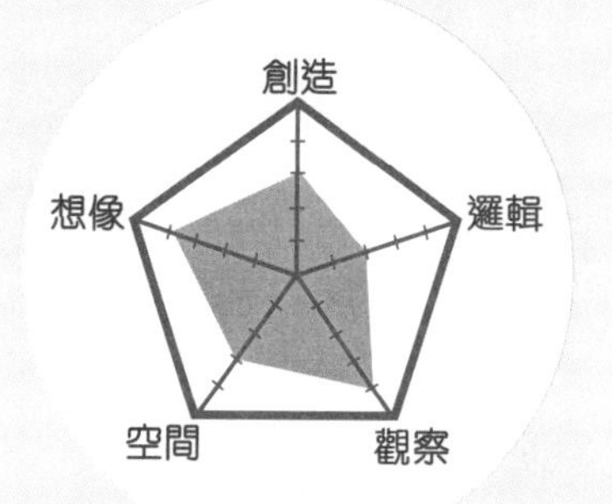

將下圖順時針方向轉90°會得出哪個圖形？

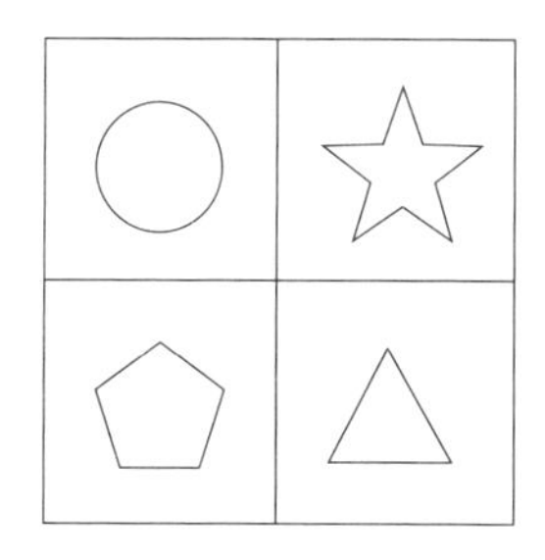

解題攻略

可把這本書轉90°來看一看。

A.

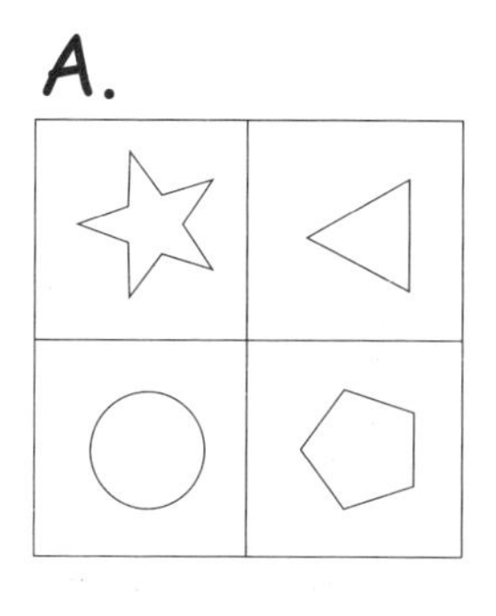

B.

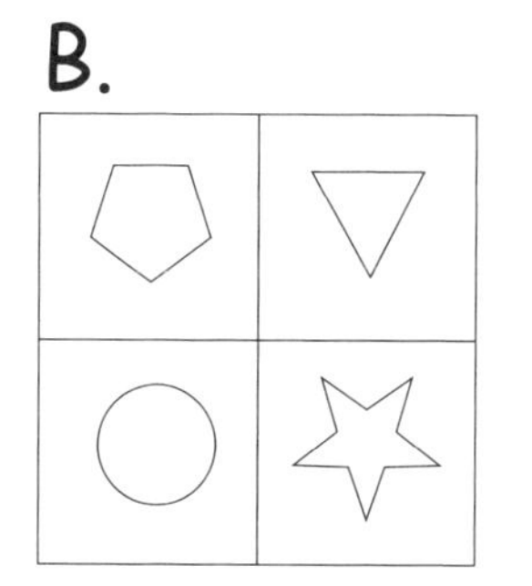

C.

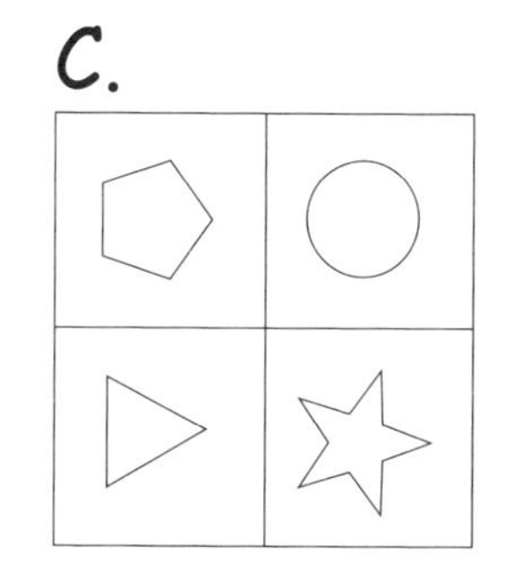

左腦訓練4

解題時間：10秒

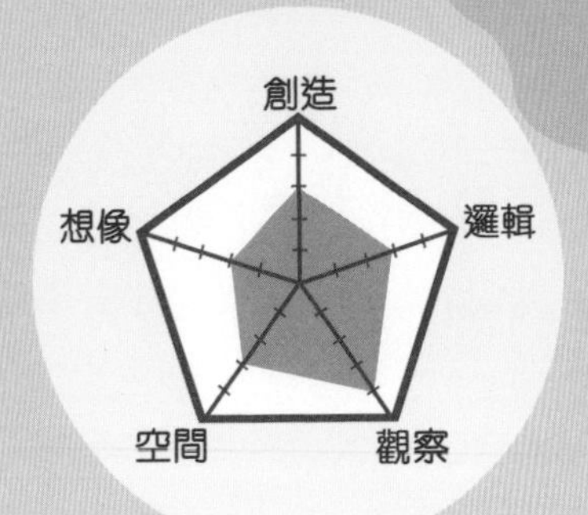

下圖由4個相同的長方形組成，計算綠色部分的面積。

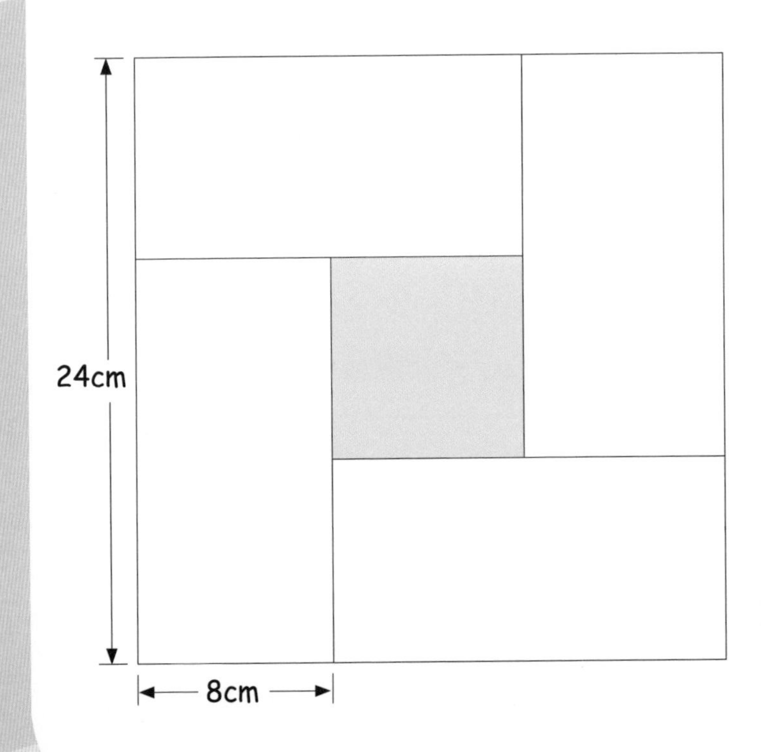

解題攻略

注意綠色部分是個正方形。

右腦訓練4

解題時間：30秒

下面各立體是由大小相同的小正方體組成，哪三個立體的體積相等？

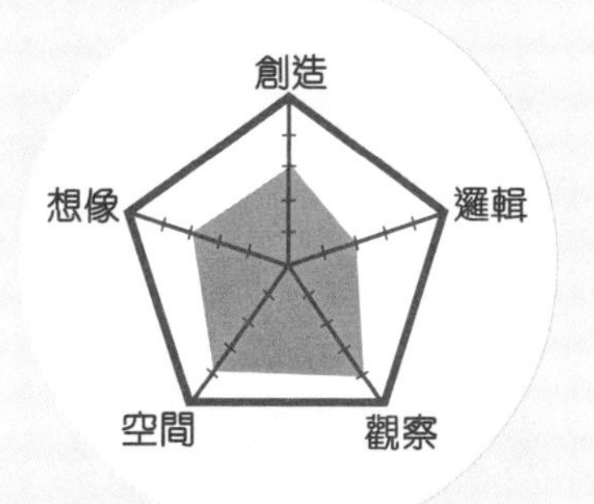

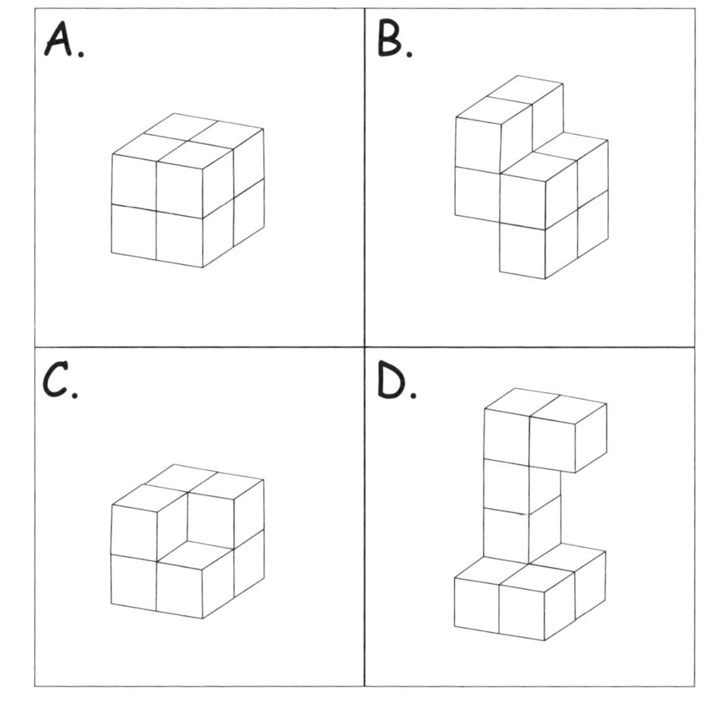

解題攻略

反過來找哪一個不同。

左腦訓練 5

解題時間：20秒

在空格內填寫適當的數字。

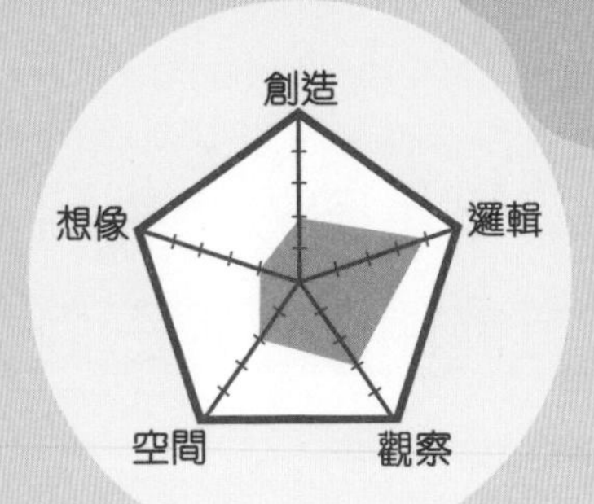

$$\frac{1}{2}+\frac{1}{6}=\frac{\square}{9}$$

解題攻略

先通分計算，然後擴分。

解題時間：20秒

依照規律，下圖中最外的一層應有多少個圓點？

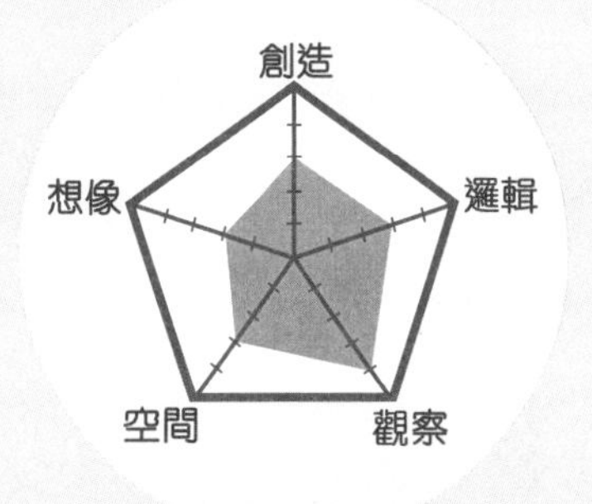

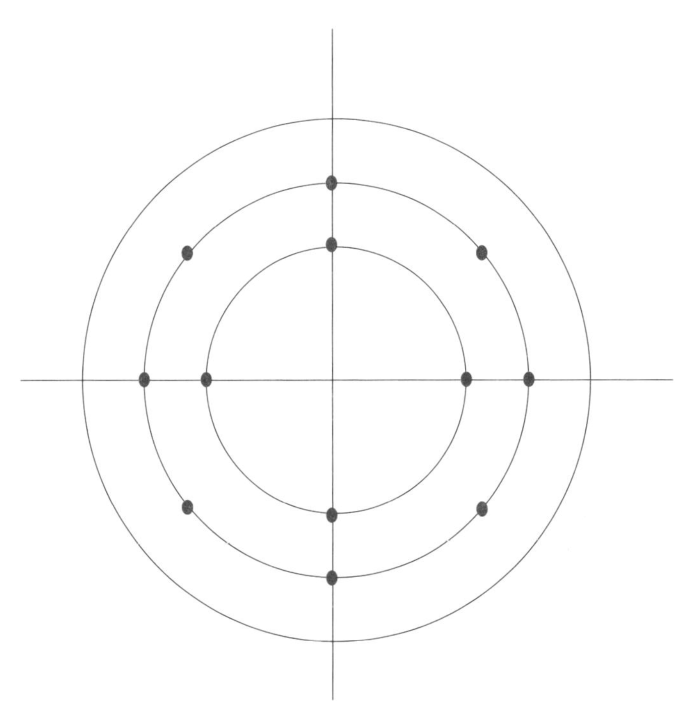

解題攻略

先觀察每層增加了多少個圓點，再找出規律。

左腦訓練 6

解題時間：30秒

用2、4、7、8可組成多少個四位單數？

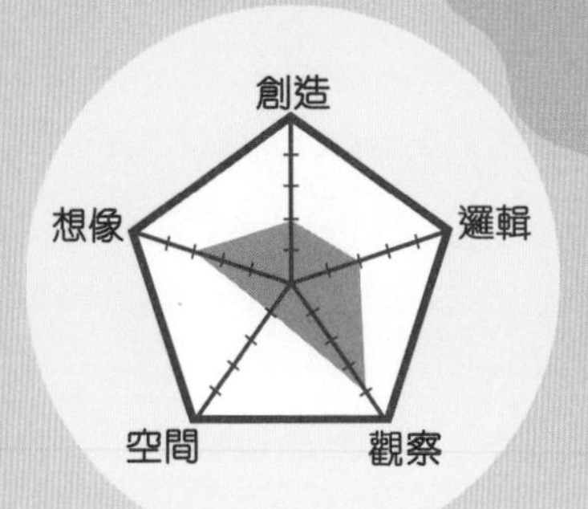

2	4	7	8

解題攻略

哪個數字必須放在末尾？

右腦訓練6

解題時間：10秒

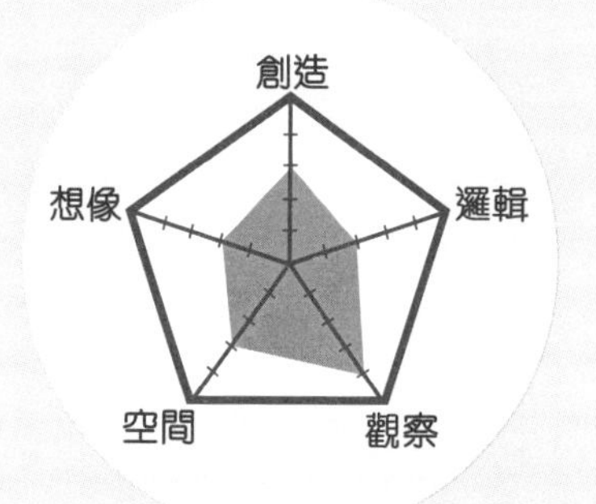

數一數，下圖由多少個小正方體組成？

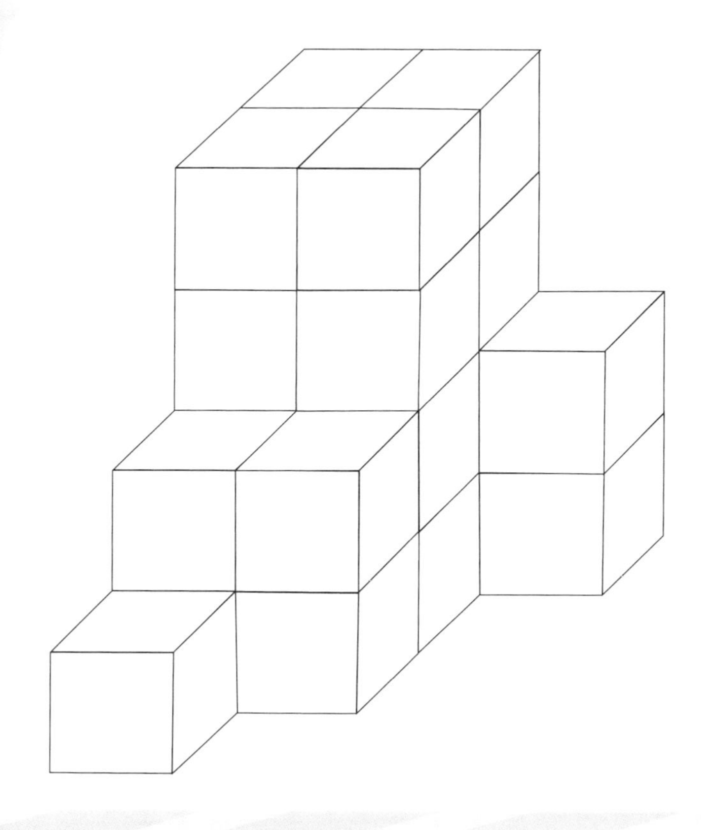

解題攻略

先數最大的部分，再數其餘部分。

左腦訓練 7

解題時間：10秒

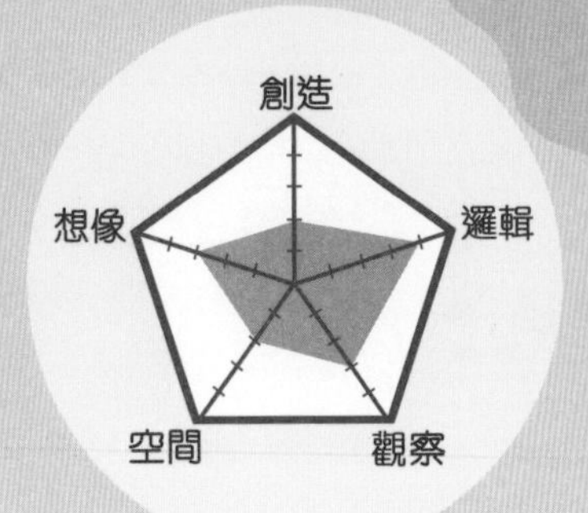

下圖中的☆代表什麼？

16	27	43
21	18	☆
15	37	52

解題攻略

觀察每一橫行數字之間的關係。

解題時間：20秒

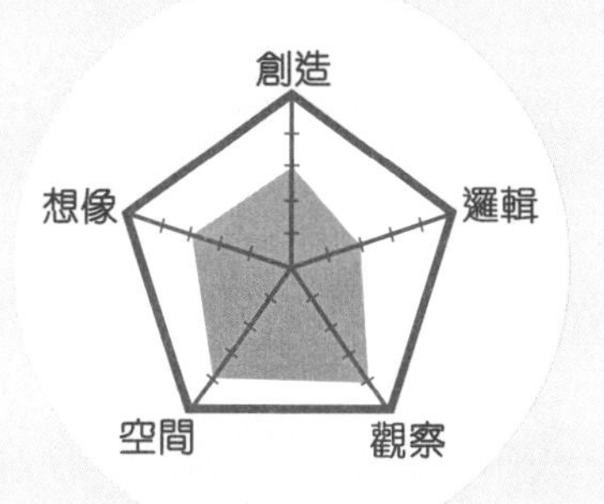

下圖最少要塗上多少格才能成為對稱圖？

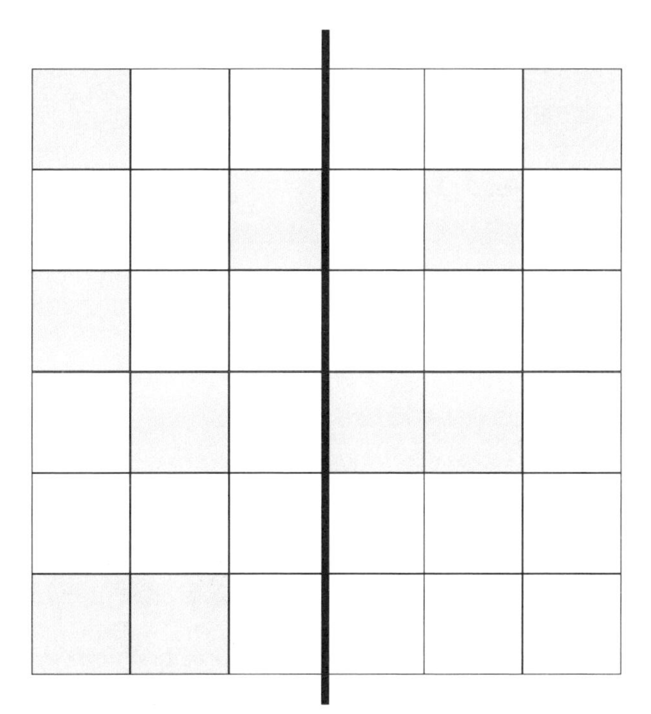

解題攻略

從上而下逐行看看是否對稱。

左腦訓練 8

解題時間：10秒

下圖中的☆代表什麼？

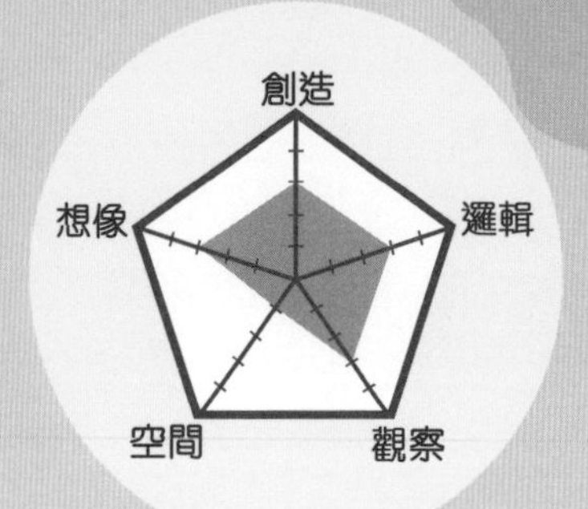

$$5762 \times 9$$

$$= 51☆58$$

解題攻略

用整除性的檢定來考慮。

右腦訓練8

解題時間：1分鐘

最少要把書本兩本對調位置多少次，才可將這5本書由左至右順序排列？

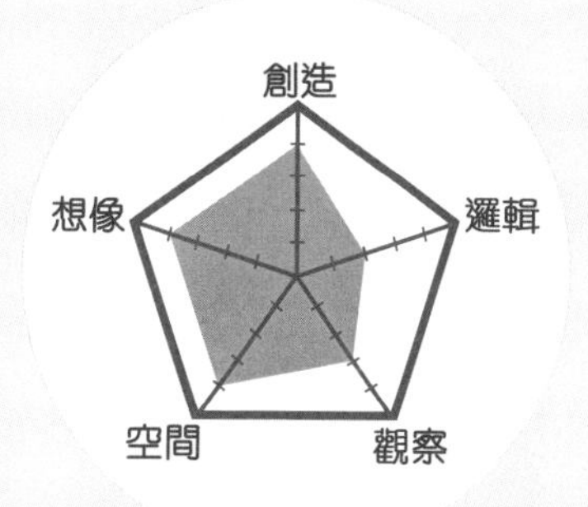

解題攻略

想想先將第1冊與哪冊對調位置。

左腦訓練 9

解題時間：10秒

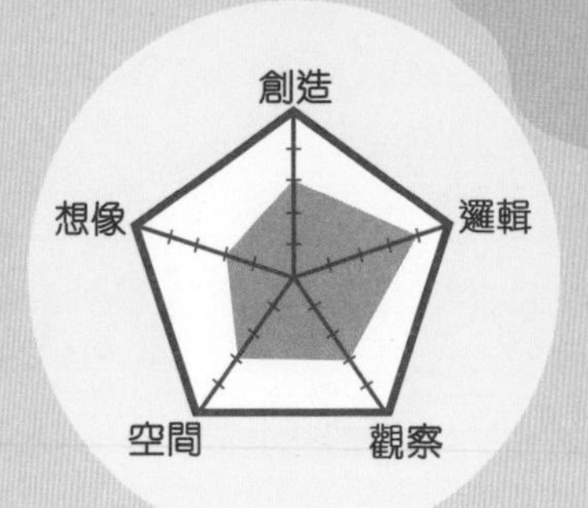

請移動一根火柴，使它成為正確的算式。

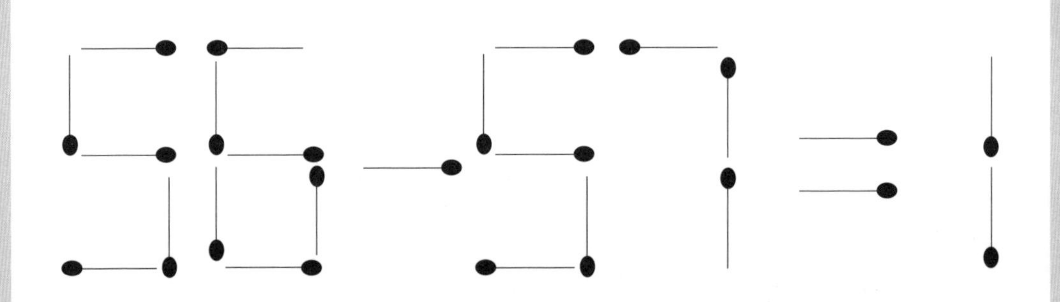

解題攻略

試由右至左想想看。

解題時間：20秒

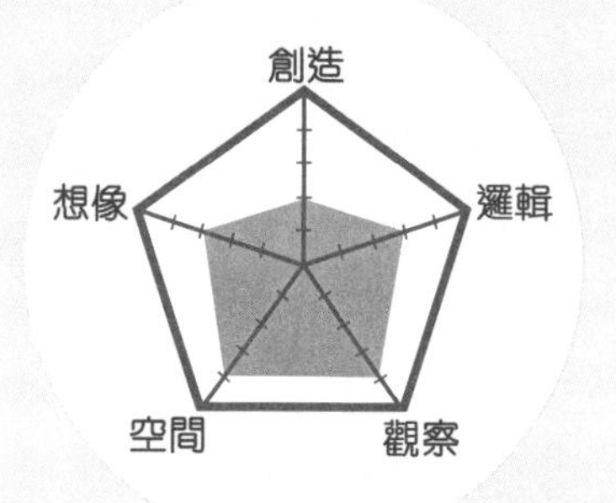

觀察下圖，畫出它在鏡子中的影像。

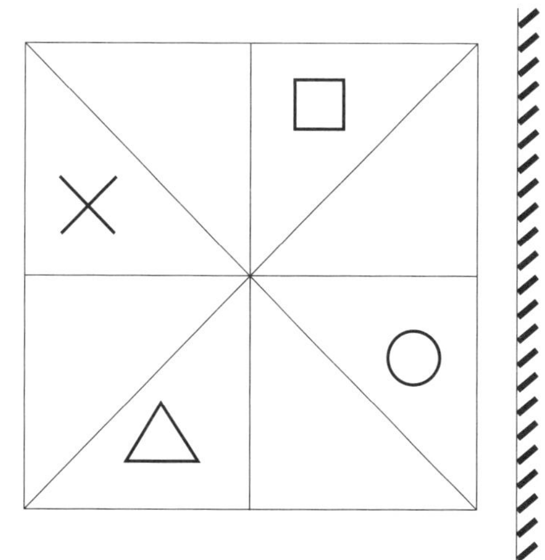

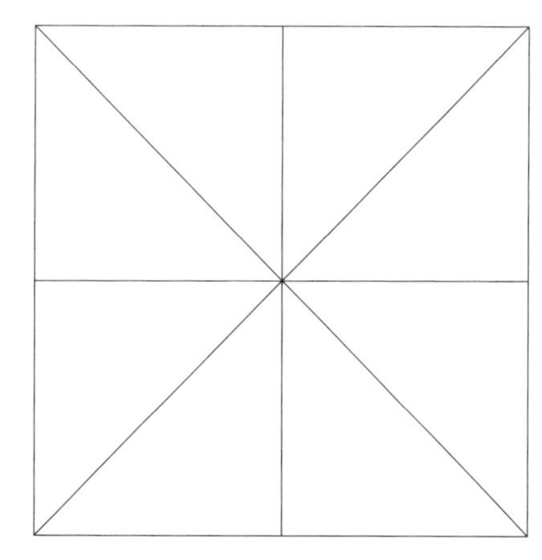

解題攻略

鏡中的影像是左右顛倒的。

左腦訓練10

解題時間：30秒

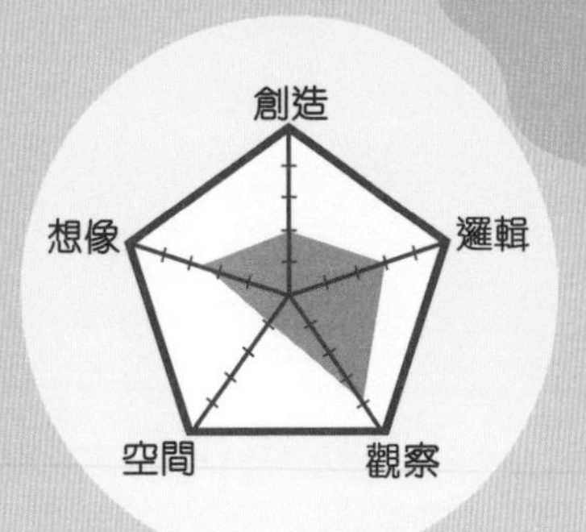

有一堆相同數量的10元、5元和2元硬幣，共值102元。那麼，共有多少個10元硬幣？

10	10	……	
5	5	……	102元
2	2	……	

解題攻略

想一想，有多少個10元、5元和2元的組合。

解題時間：10秒

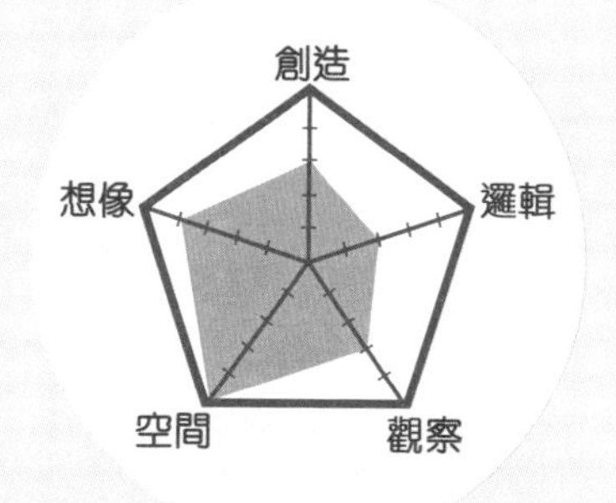

將一張正方形紙對摺，再沿虛線剪開，會得出下面哪一個圖形？

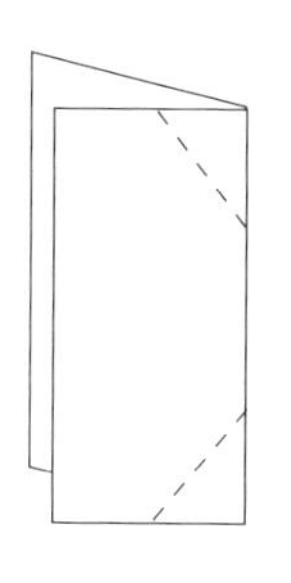

解題攻略

注意虛線剪開的地方會在紙的中央還是四周。

A.

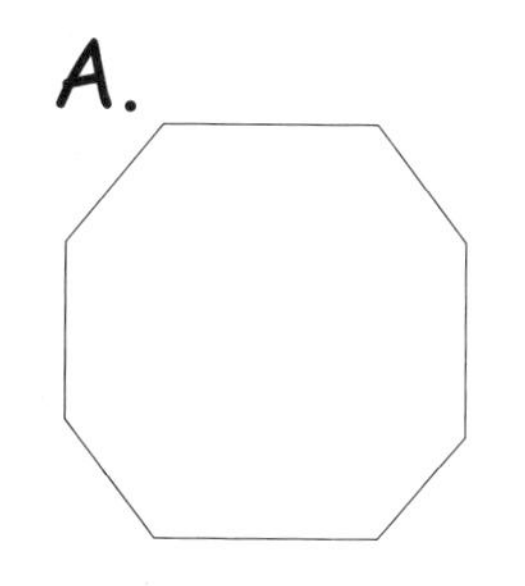

B.

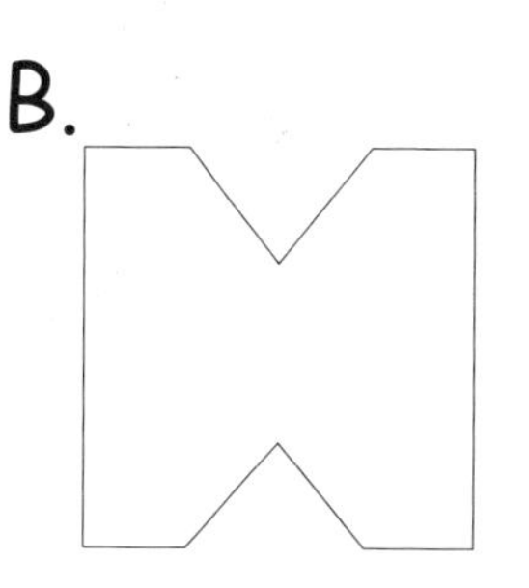

C.

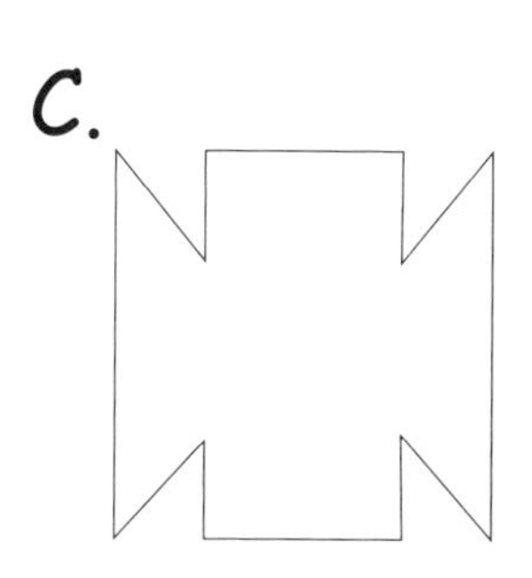

數學遊樂場

數字卡遊戲

工具 寫上 1 至 10 的數字卡，每個數字的卡各 1 張
(如想增加難度，可把每個數字的卡增至 2 或 3 張)

人數 1 至 4 人

玩法
1. 隨機抽出 4 張數字卡，各人利用卡上的數字，並運用加、減、乘、除或括號連結起來，組成任何可得出答案是 24 的算式。
2. 最快想出算式的人得 1 分，完成 10 個回合後計算分數，看看誰得分最多！
3. 每個回合結束後，須重新把所有數字卡洗勻。

（注意有些數字無法組成得出答案是 24 的算式，如大家都同意，可重新再抽出 4 張數字卡。如：1、6、7 和 8。）

有的組合比較簡單……

$$5 + 2 + 8 + 9 = 24$$

有的會比較複雜啊！

$$(10 + 1) \times 3 - 9 = 24$$

升級挑戰篇

大富翁

文樂心家

媽媽，
這是我的
成績表。

嘻嘻

獎勵
福
如意
×2
心心，你這次考試表現有進步。為了鼓勵你再接再厲，我決定農曆新年時，讓你從收到的利是中抽出一封，媽媽再給你相同的金額作獎金。

太好了，
媽媽萬歲！

大年初一
福
福
出入平安
身體

嫲嫲，恭祝
您身體健康，
龍馬精神！
心心真乖，
我祝你快高長大，
聰明伶俐！
福
謝謝嫲嫲！
福

嘻嘻
鬼鬼祟祟
想偷看
打開
緊張
哇，一看就知道是五百元啦，
這回我要當大富翁了！

一星期後

到了抽利是的大日子……

洗勻
好，現在請你隨便抽一封！
我要這一封！
好的，
沒問題。
給你
福
福

5000
5000
咦，這是什麼國家的紙幣？
這是韓幣
五千元啊！
那麼，即是相等於
港幣多少元啊？

大概是三十多
元吧！

什麼？豈不是比媽媽給我的壓歲錢
還要少嗎？

左腦訓練1

解題時間：2分鐘

在空格內填入1至8（每個數字只能用一次），使各橫行的數字加起來等於右面的答案。

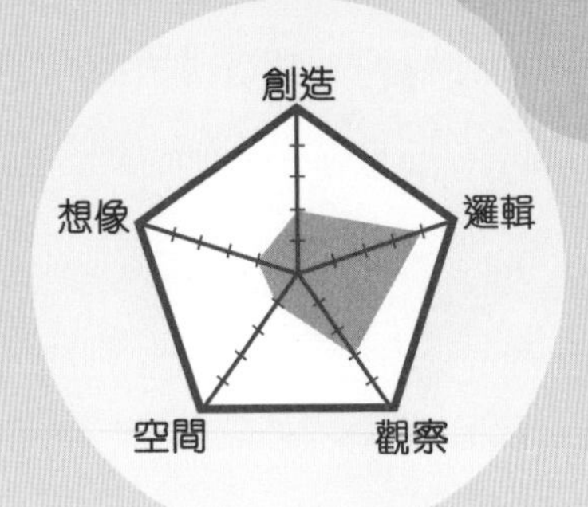

			=	16
			=	12
		9	=	17

解題攻略

先想想最底那一橫行餘下的8，可以由哪些數字組合而成。

右腦訓練1

解題時間：20秒

哪個圖形可以摺出下面的正方體？

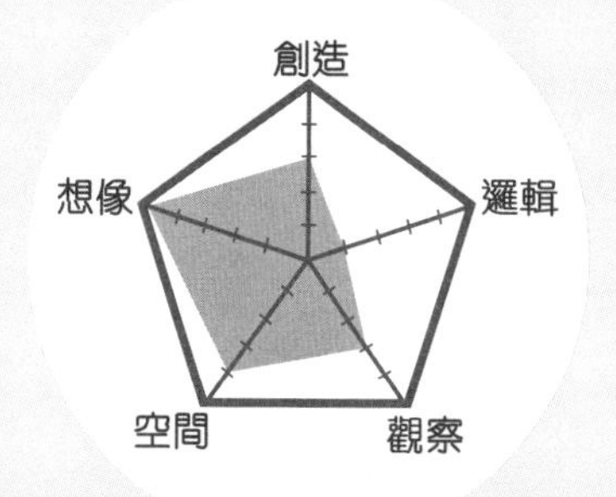

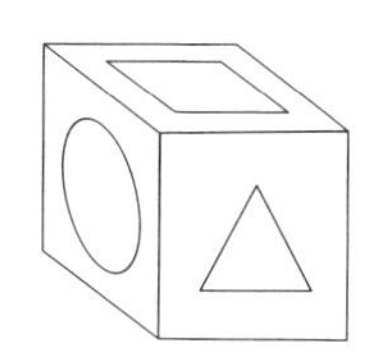

解題攻略

試試把展開圖想像成立體，然後變換不同的方向。

A.

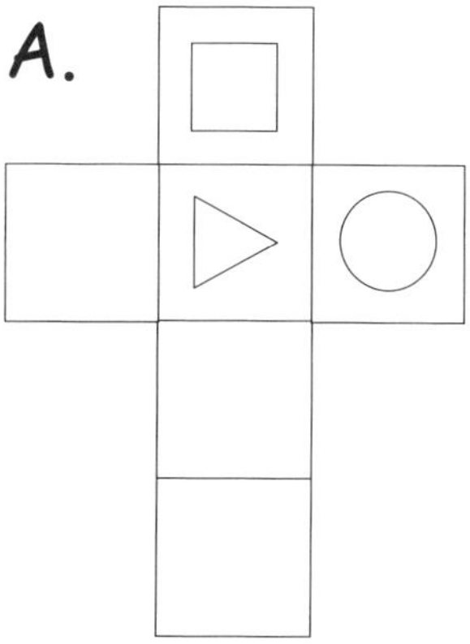

B.

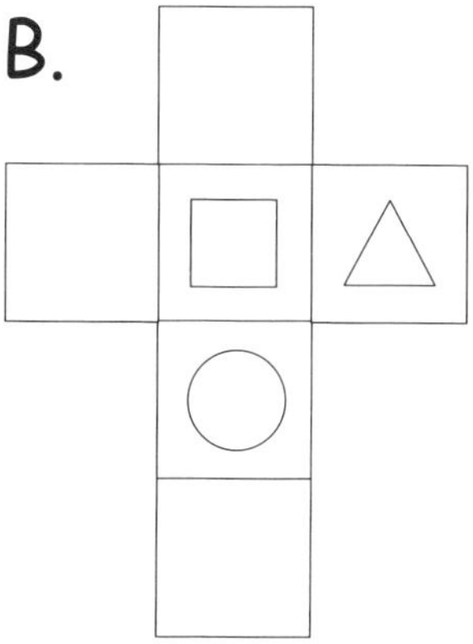

C.

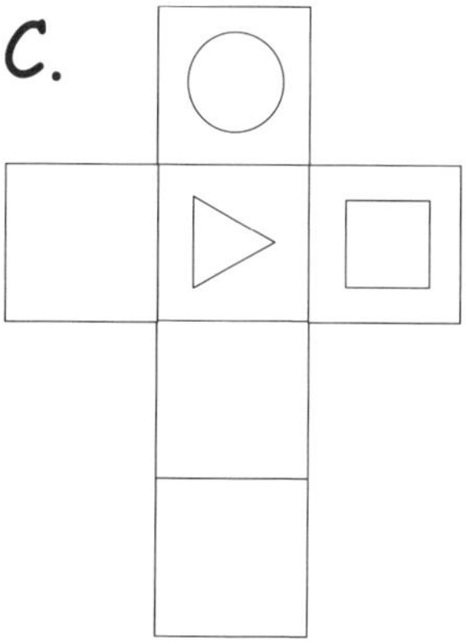

左腦訓練 2

解題時間：20秒

下面的紙幣共有多少種

200元的組合？

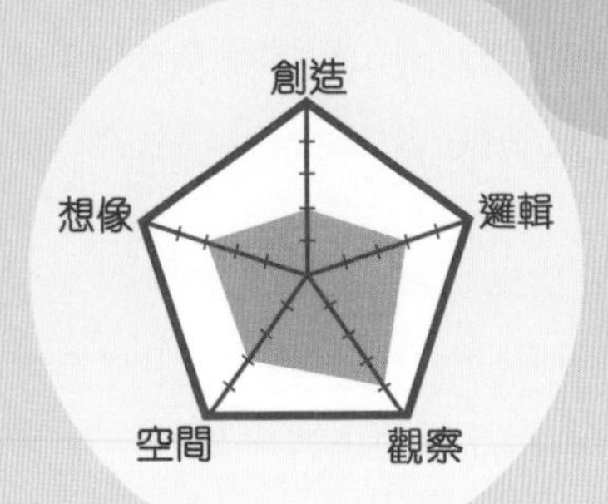

$100	$100	$50
$50	$10	$10
$10	$10	$10
$10		

解題攻略

把所有紙幣想像成實物，再拿出來放在腦袋裏算算看。

右腦訓練2

解題時間：1分鐘

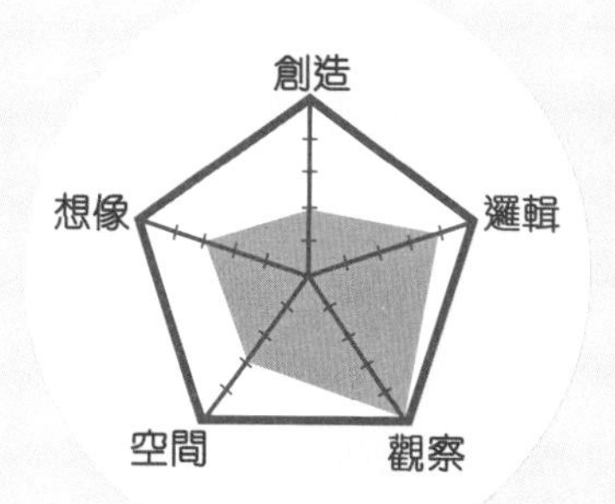

在空格內填入○、□、△或☆，使橫行、直行及田內的4個符號都不相同。

○	△	☆	□
	□		△
			☆
△			

解題攻略

先完成只欠一個符號的部分。

左腦訓練3

解題時間：30秒

從左下角至右上角，連接7個方格，將方格內的數字相加，最大的值是多少？

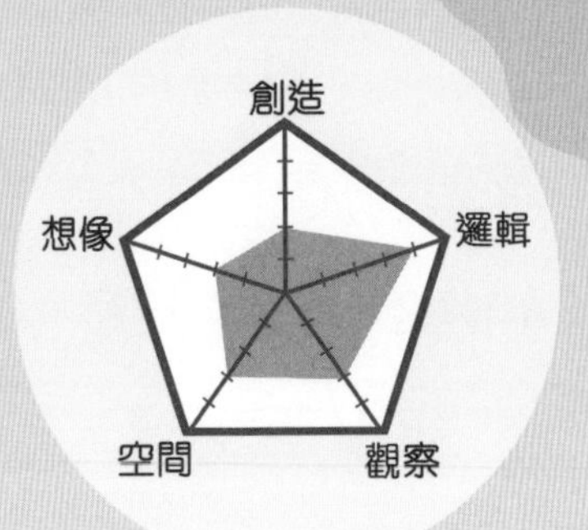

1	2	1	1
1	1	2	2
2	1	1	1
1	1	1	2

解題攻略

觀察哪條路線經過「2」最多遍。

右腦訓練3

解題時間：10秒

依照銳角、直角、鈍角的順序，畫出由起點走到終點的路線。

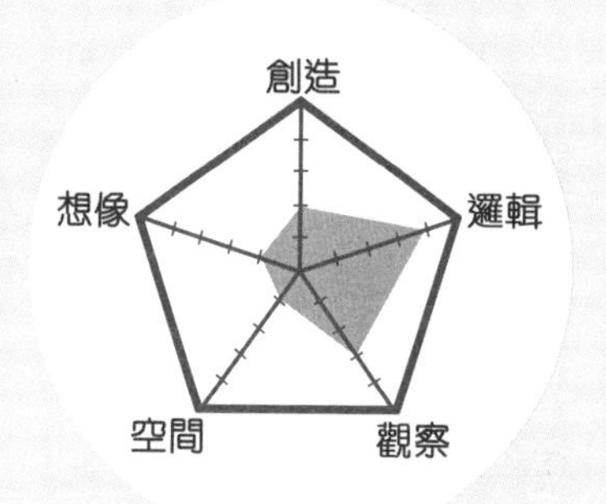

起點					
					終點

解題攻略

想像為由小至大的關係。

左腦訓練 4

解題時間：3分鐘

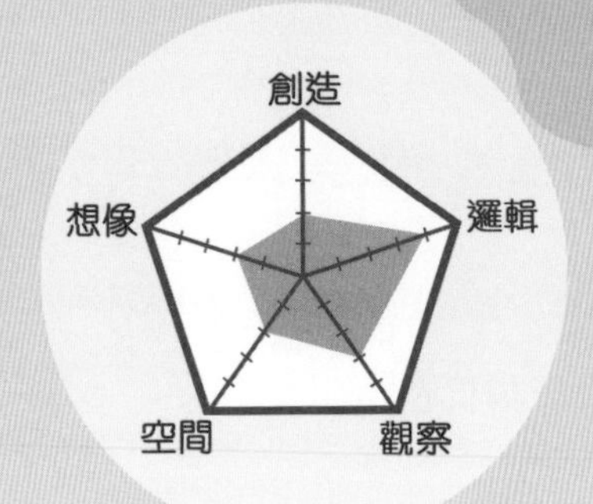

下圖由兩個大小不同的正方形組成，計算全圖的周界。

5cm

2cm 2cm

解題攻略

先計算大正方形的邊長。

右腦訓練4

解題時間：10秒

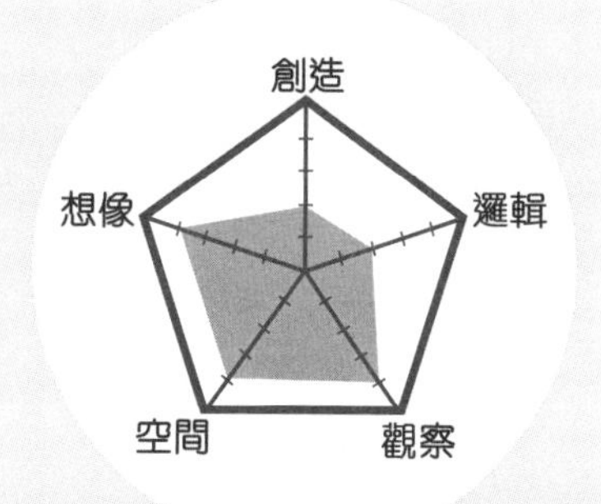

下面的圖形中，每兩個圖形可組合成一個正方形。它們是如何組合的？

A　B　C

D　E　F

解題攻略

把圖形旋轉來拼合。

左腦訓練5

解題時間：3分鐘

在圓圈內填入1至6（每個數字只能用一次），使每條線上的數字之和都相等。

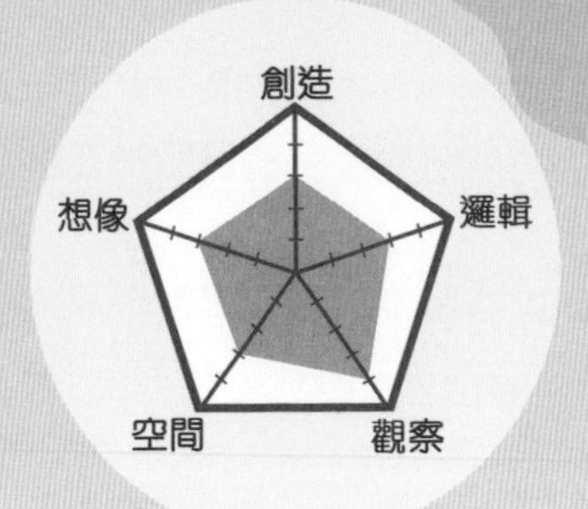

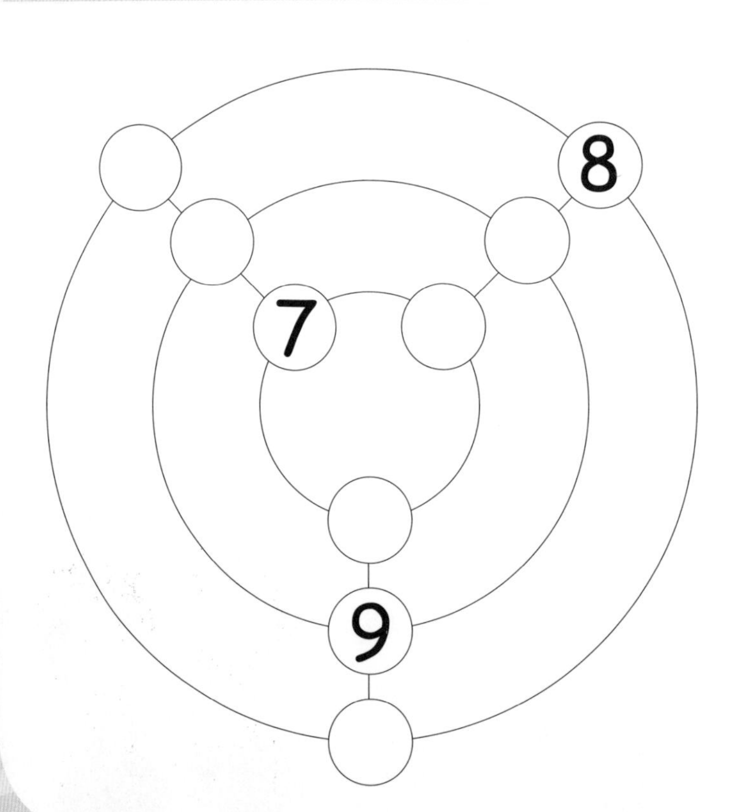

解題攻略

數值較大的數字常常會與數值較小的數字連在一起。

解題時間：10秒

下面哪兩個方格內的圖形完全相同？（備注：圖形在方格內的位置不拘。）

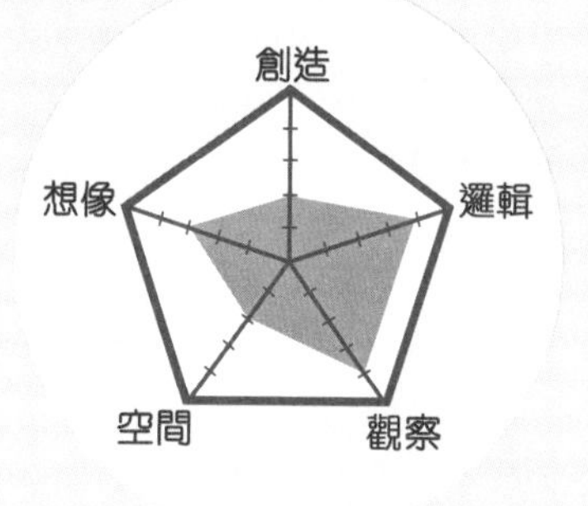

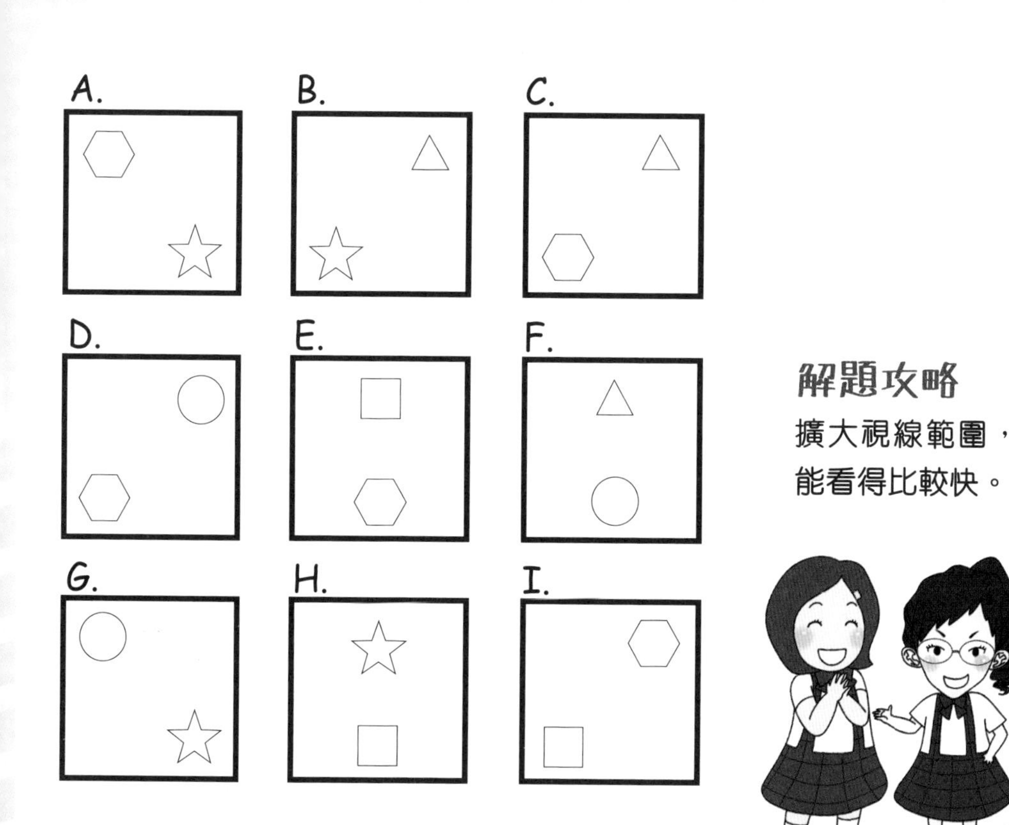

解題攻略

擴大視線範圍，能看得比較快。

左腦訓練 6

解題時間：1分鐘

求下圖綠色部分的面積。

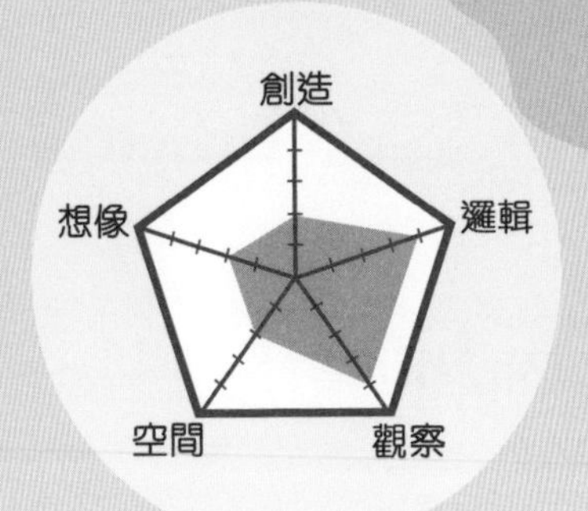

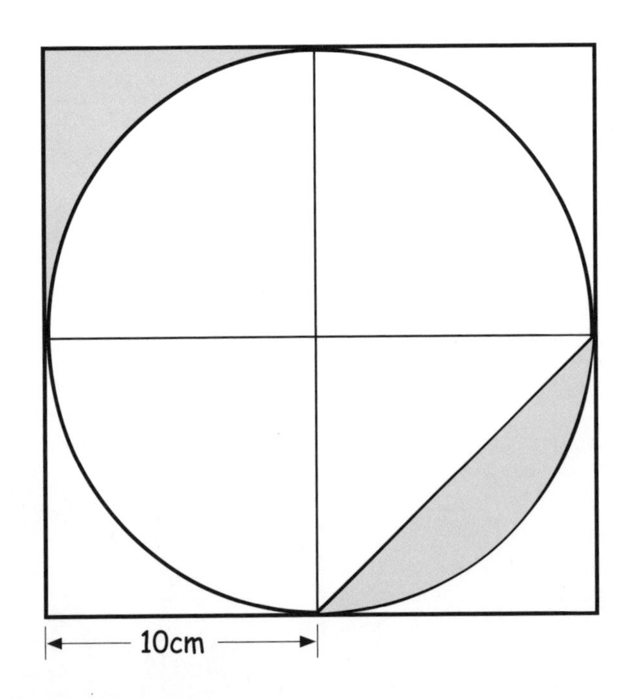

解題攻略

不用計算圓形的面積。

解題時間：20秒

畫出由起點走到終點的路線，注意經過的數字必須為質數。

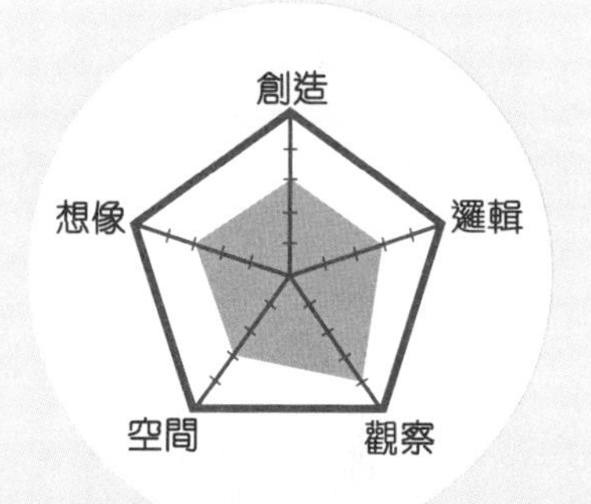

起點	25	18	22	15
31	19	3	37	11
5	20	23	52	6
17	8	2	47	34
9	16	24	13	終點

解題攻略

如是合成數，便不能前進。

左腦訓練7

解題時間：20秒

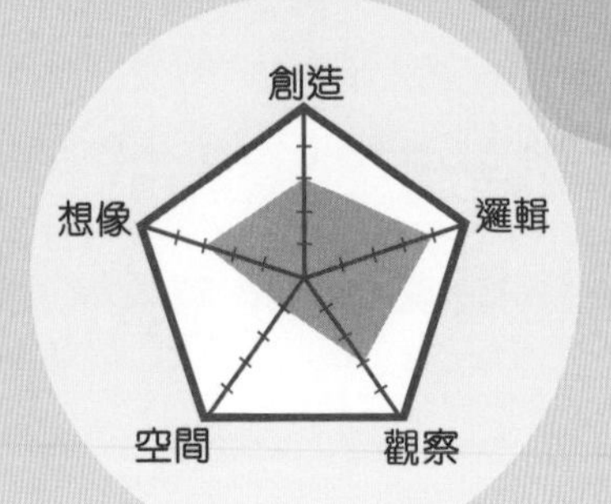

在空格內填入2、4、5和8，使它成為合理的直式。

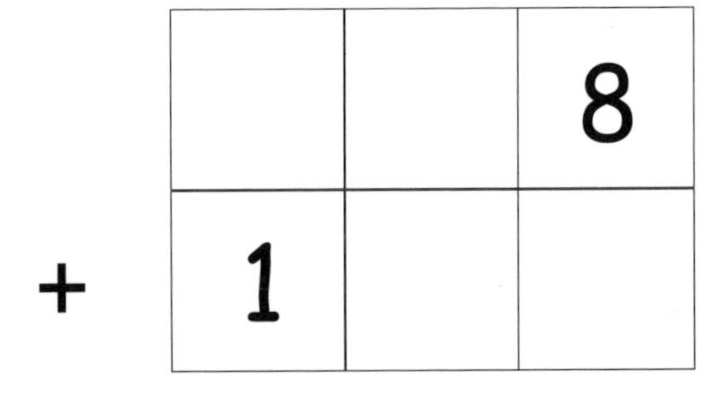

解題攻略

想想哪些數字相加的結果個位數字是「0」。

右腦訓練7

解題時間：1分鐘

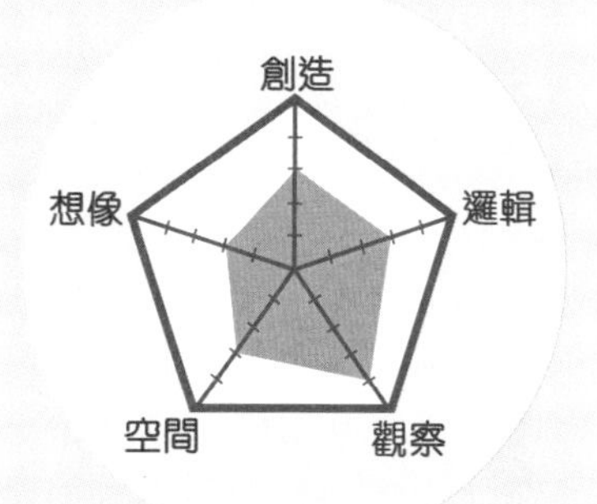

下圖中第一層有3個點，

那麼第幾層有36個點？

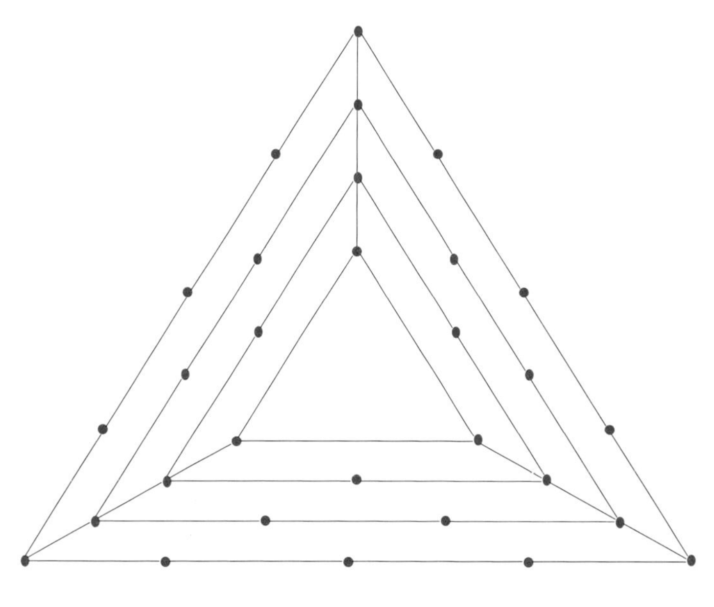

解題攻略

觀察每一層增加了多少個點，找出規律。

左腦訓練8

解題時間：1分鐘

在圓圈內填入4、6、8、16和24，使每條線上的數字之積都相等。

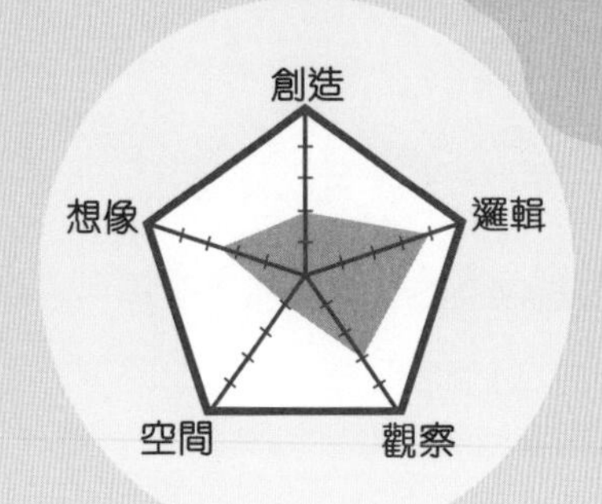

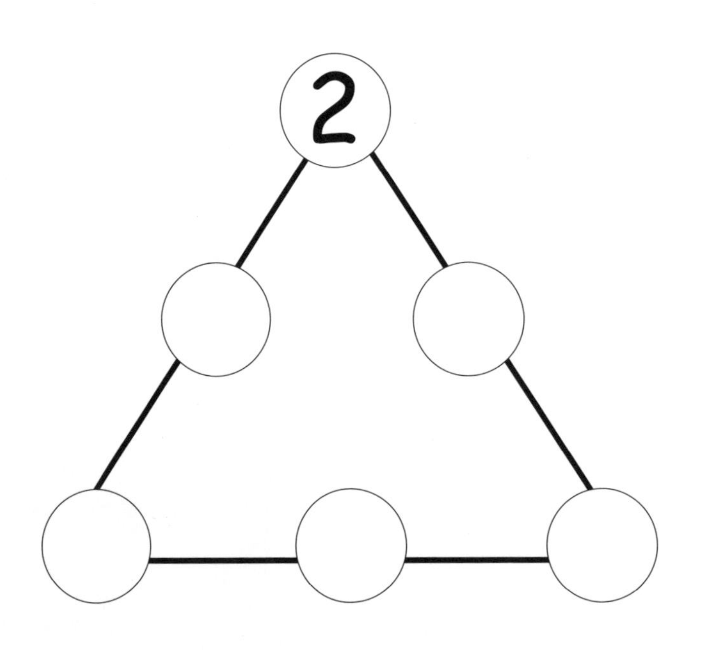

解題攻略

試把數值較大和數值較小的數字相乘。

解題時間：5秒

PQRS是一個長方形，
請比較圖形A和圖形B
的周界。

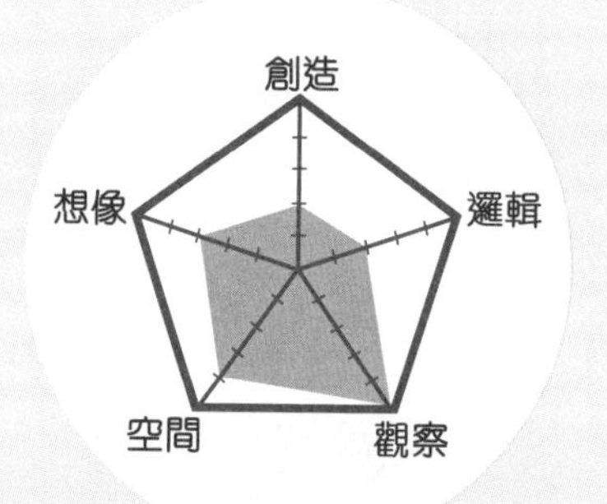

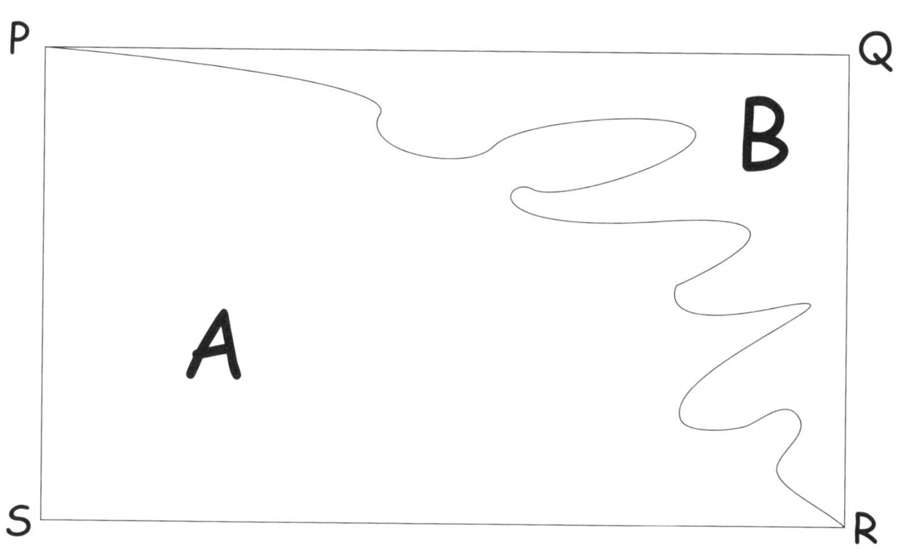

解題攻略

周界與面積沒有關係，留意共同邊。

左腦訓練9

解題時間：10秒

下面有7張紙牌，紙牌上寫着不同的數字。文樂心、高立民和胡直各取去兩張，紙牌上的數字之和分別是10、10和22。最後剩下哪張紙牌？

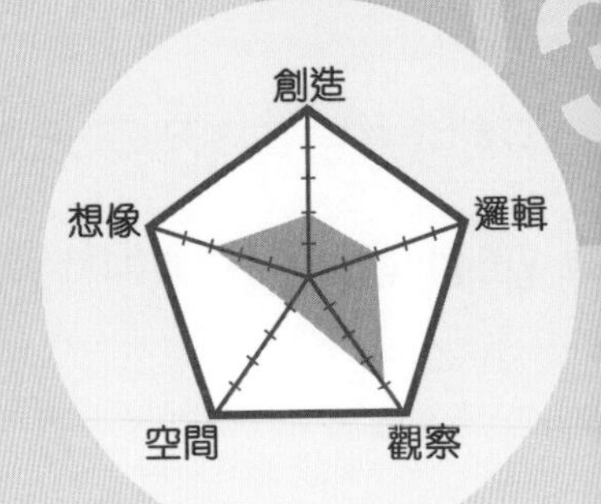

4　2　6　8　12　10　14

文樂心：□ + □ =10

高立民：□ + □ =10

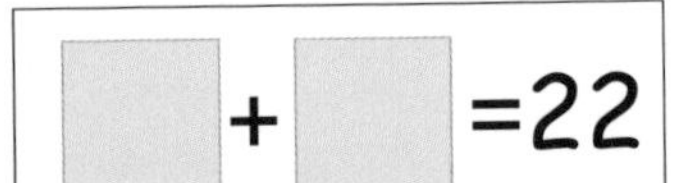

解題攻略

首先排除那些可組合成10的紙牌。

解題時間：10秒

下圖中哪些是15以上，

30以下的單數？

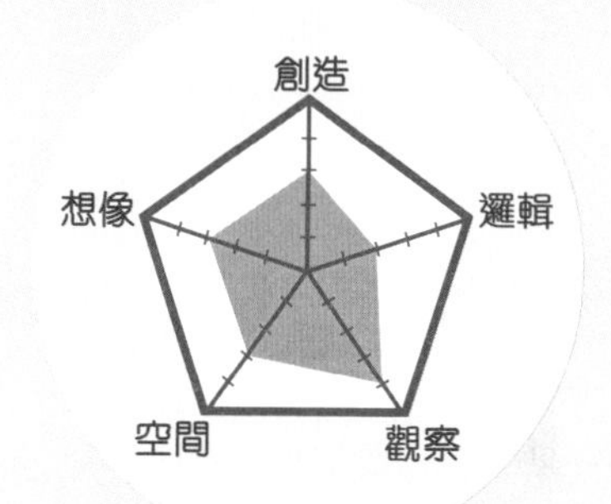

23	16	12	27
34	11	32	18
24	20	19	22
30	17	21	9

解題攻略

可先圈出單數。

左腦訓練10

解題時間：1分鐘

下圖中的M和N都是正整數，那麼M和N有可能是什麼數字？

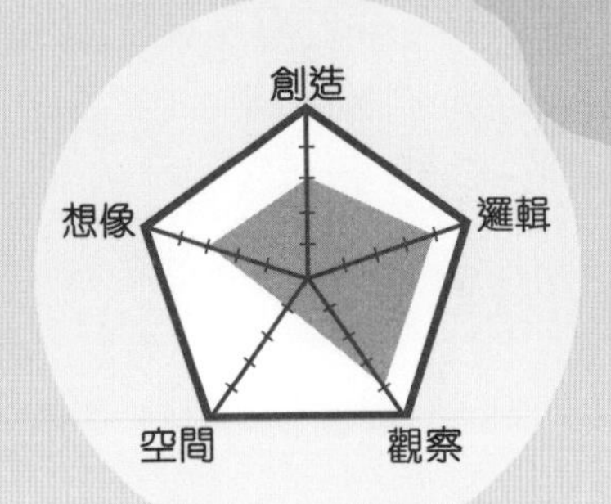

如果

$M☆N = M + (7 \times N)$

$M☆N = 36$

那麼，

$M = ?$

$N = ?$

解題攻略

這類題目屬於定義重新運算的題目，解此類題目的關鍵是理解新定義的運算，加上逆向思維考慮答案，從而推論M和N有可能是什麼數字。

右腦訓練10

解題時間：30秒

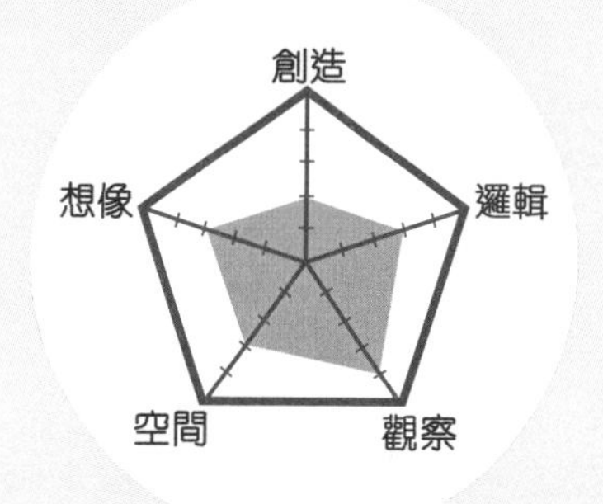

用線把下面的數字分為兩組，使它們的性質不同但每組數字之和相等。

4	6	8
9	10	13
12	17	19

解題攻略

把這些數分成兩大類：合成數和質數。

左腦訓練11

解題時間：30秒

在空格內填入適當的數字，使這個五位數能同時被2、4、5和8整除。

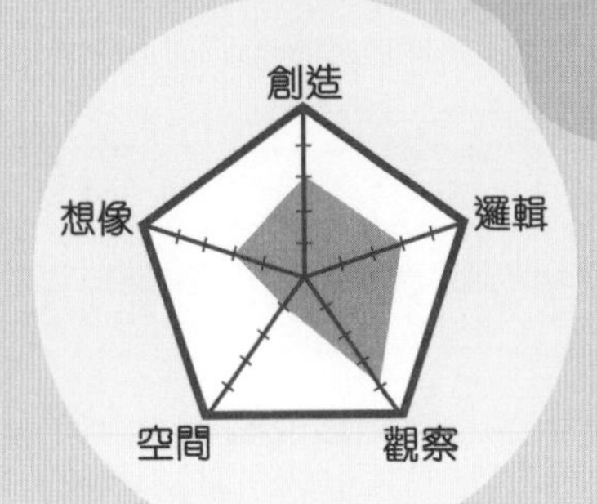

4 2 3 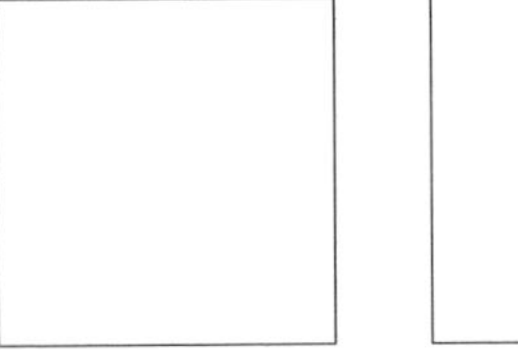 

解題攻略

想想能被4和8整除的數有什麼特性。

解題時間：1分鐘

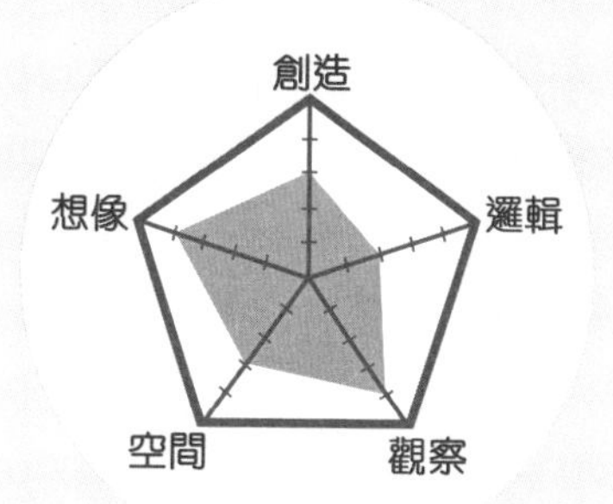

下圖中可數出多少個長方形？

解題攻略

先數單獨一個小長方形的數量，再數由兩個小長方形組合而成的長方形數量，如此類推。

左腦訓練 12

解題時間：20秒

下面是2018年X月的月曆，在藍色四邊形內的數之和是多少？

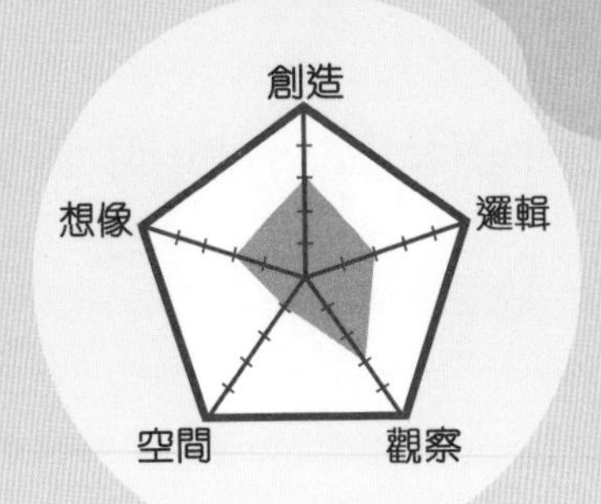

2018年X月

日	一	二	三	四	五	六
				1	2	3
4	5	6	7	8	9	10
11	12	13	14	15	16	17
18	19	20	21	22	23	24
25	26	27	28	29	30	31

解題攻略

答案與四邊形內正中央的數有關。

解題時間：30秒

用左手食指於限時內順序找出1至20。

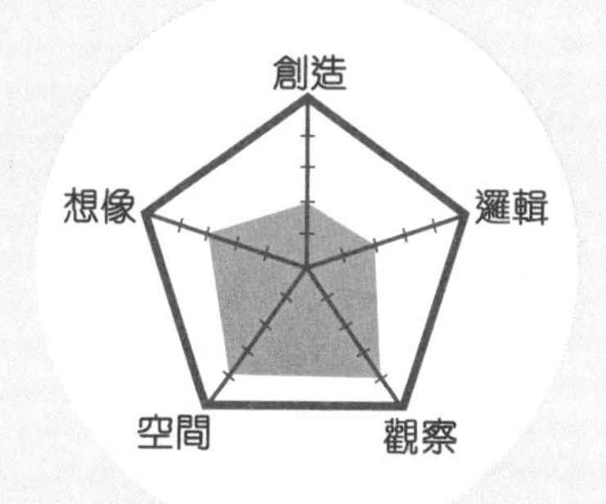

解題攻略

多留意一些平時容易忽略的地方。

左腦訓練13

解題時間：20秒

下面的算式中，A和B代表什麼？

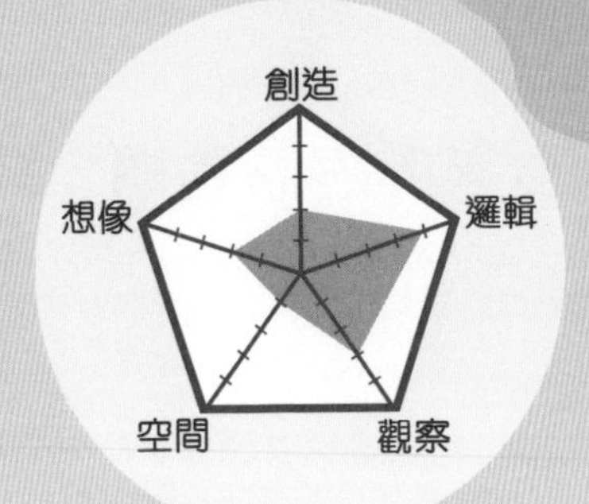

$$A \times B = 24$$

$$A + B = 11$$

解題攻略

想想24有什麼因數。

解題時間：30秒

下圖中的 ▢ 重量是多少？

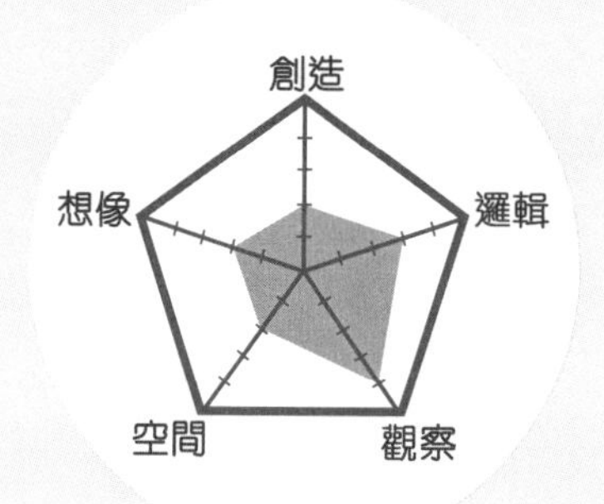

如果

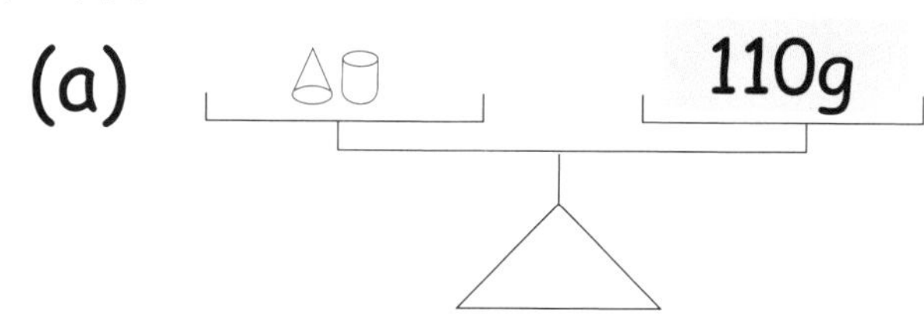

(b) 295g

解題攻略

試把圖形代入數字。

那麼，▢ = ? g

左腦訓練14

解題時間：10秒

在括號內填入「＋」、「－」、「X」或「÷」，使每條算式都正確。

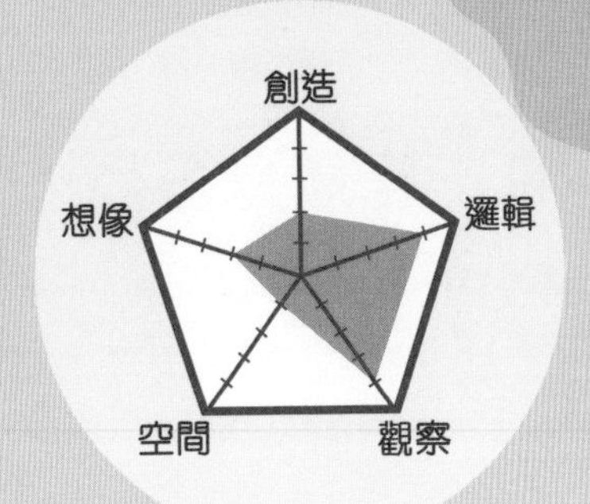

(a) 8 (　) 2 = 1 (　) 3

(b) 4 (　) 5 = 3 (　) 3

(c) 2 (　) 3 = 19 (　) 13

解題攻略

使用四則計算。

右腦訓練14

解題時間：1分鐘

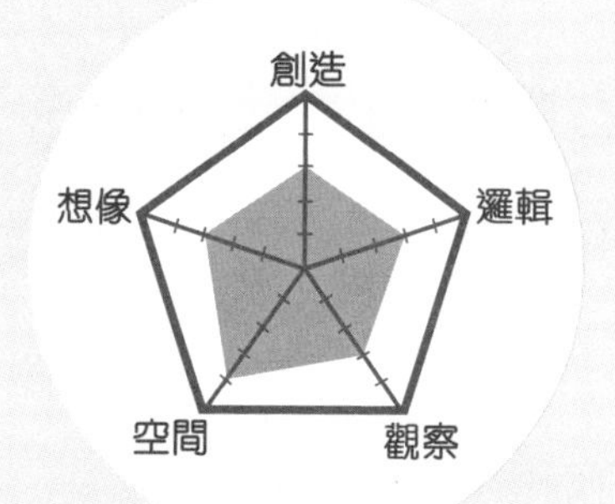

利用下表，計算下面的題目。

	A	B	C	D
1	15	20	45	16
2	33	14	27	23
3	29	34	25	10
4	7	11	38	8

例：B4＋C1＝11＋45＝56

(a) B3－D1＝?

(b) A2－C2＝?

解題攻略

先找縱軸，再找橫軸。

左腦訓練15

解題時間：10秒

下圖最少需要加多少塊積木才可砌成長方體？（備注：不可移動圖中的積木。）

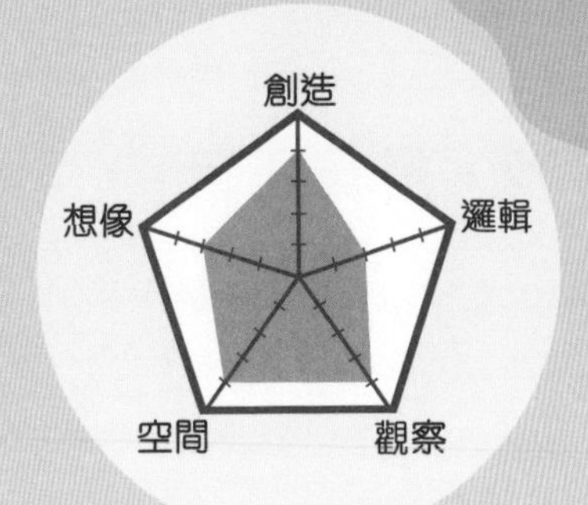

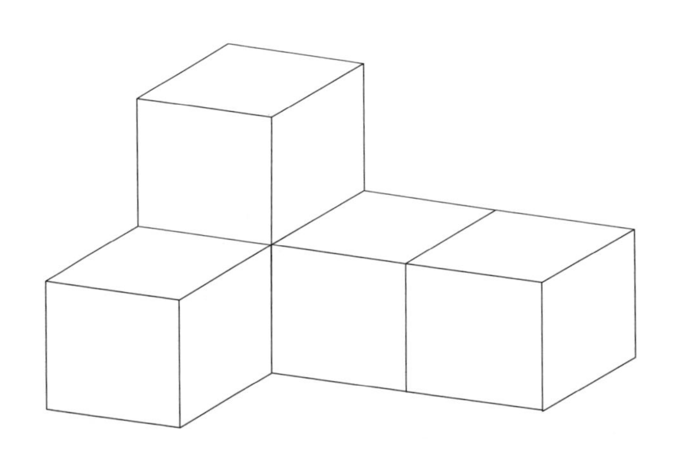

解題攻略

想像一個長方體的樣子，再與圖作比對。

解題時間：1分鐘

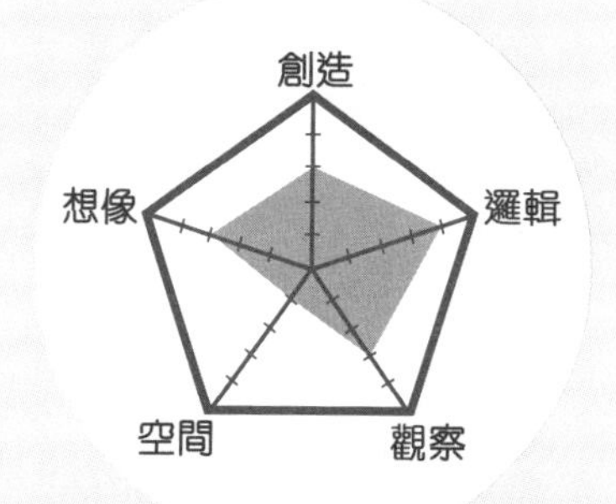

下面算式中的☆和▽分別代表什麼？

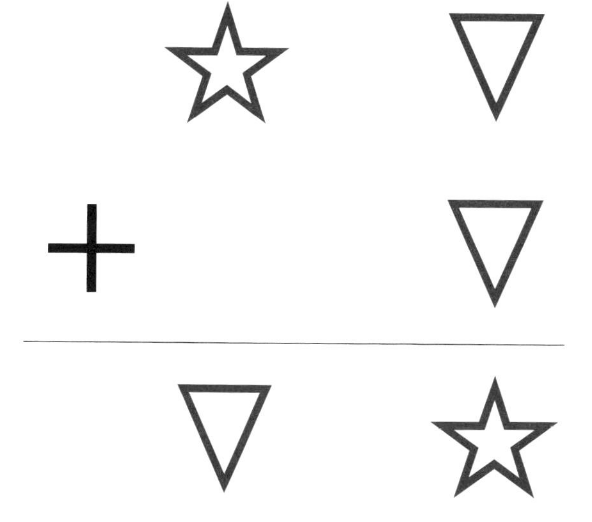

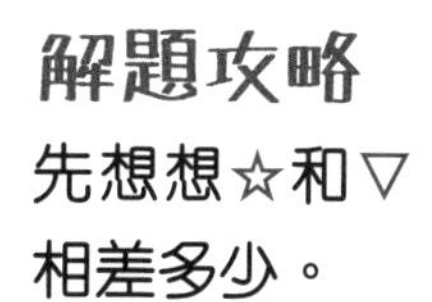

先想想☆和▽相差多少。

數學遊樂場

數字魔術師

大家好，我是大魔術師黃子祺。接下來我要表演一個數字魔術，請各位細心欣賞！

魔術步驟

① 請你從 1 至 9 中選出兩個數字。

② 請你把第一個數字乘 2。

③ 請你把步驟②得出的答案加上 45。

④ 請你把步驟③得出的答案乘 5。

⑤ 請你把步驟④得出的答案加上你選的第二個數字。

⑥ 請你把步驟⑤得出的答案告訴我。

⑦ 好，我已經知道你選了哪兩個數字了！

哼，黃子祺，讓我來拆穿你的把戲吧！

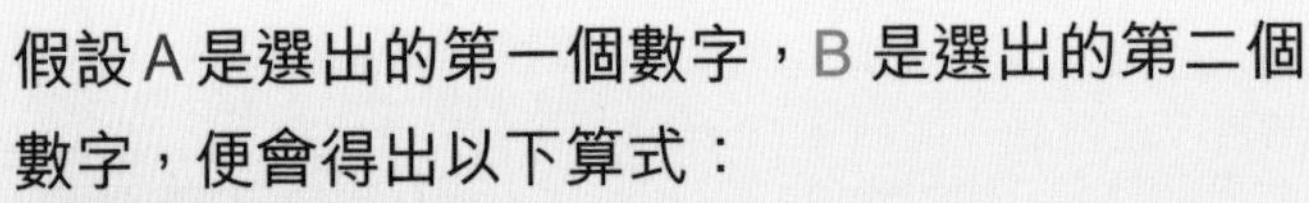

假設A是選出的第一個數字，B是選出的第二個數字，便會得出以下算式：

步驟② $A \times 2$

步驟③ $A \times 2 + 45$

步驟④ $(A \times 2 + 45) \times 5 = A \times 10 + 225$

步驟⑤ $A \times 10 + 225 + B$

只要把步驟⑥的答案減去 225，十位數就是選出的第一個數字，個位數就是選出的第二個數字啦！以 2 和 7 來做例子，按上述步驟算出來的答案是 252。

步驟⑥的答案 – 225 = AB

252 – 225 = 27

頂上決戰篇

快來挑戰高難度的題目吧！

我已經燃起鬥志了！

買四送一

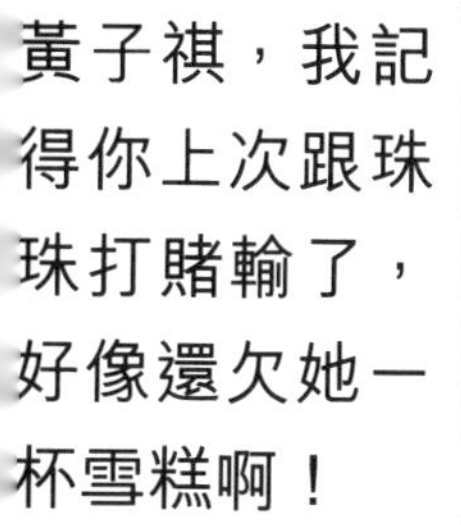
黃子祺，我記得你上次跟珠珠打賭輸了，好像還欠她一杯雪糕啊！

呵呵，有這回事嗎？
對對對，你得請客，不能賴賬！

去吧！去吧！
我們還等什麼，現在就去買吧！

雪糕
買四送一！
草莓
綠茶
芒果
芝麻
巧克力
哇！
有這麼多種口味，我每款都想試試，怎麼辦？
想什麼？全都買下來吧，反正有人請客啊！
這怎麼行？這樣太浪費了！
慌

怎麼會浪費？雪糕是「買四送一」，我們總共四個人，剛好可以一人吃一杯。而且你只要付三杯的錢就可以，替你省了不少錢呢！
小辮子，「買四送一」的意思是我們得先付四杯的錢，然後才送一杯，合共五杯啊！
$ x4
怎麼可能？
要不然「買一送一」優惠就等於免費送給你嗎？
嘻嘻，我好像搞錯了！

嗚
給你。
既然是請我吃的，我就勉為其難替
你多吃一杯好了！
啊
多出來的那一
杯怎麼辦？
哼，你儘管吃
吧，看你吃完
多胖幾斤！
搶走

假日時
新雅書店
大優惠
七折
特價周
買四送一
特價周
媽媽，書店大減價呢，我們快進去看看吧！
特價
特價周
買四送一
買四送一
!
買四送一
收銀處
原來補充練習買四送一，真是大優惠啊，趁機多買幾本給你吧！
不是吧？這樣的大優惠不要也罷！

左腦訓練1

解題時間：30秒

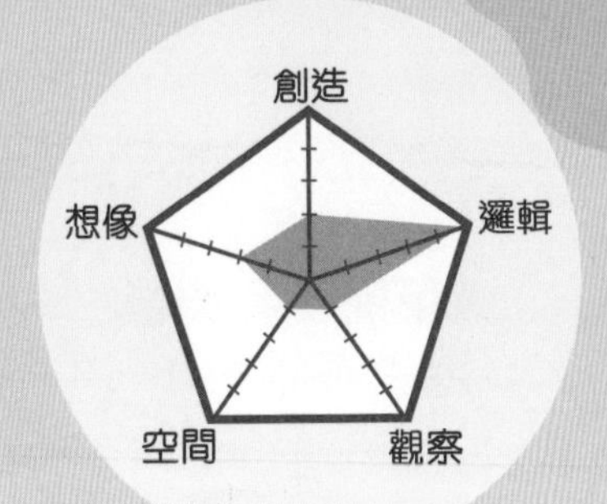

計算下題。

$$
\begin{array}{r}
731 \\
426 \\
574 \\
823 \\
692 \\
416 \\
571 \\
+\ 214 \\
\hline
?
\end{array}
$$

解題攻略

先把可湊為10的數字加起來。

右腦訓練1

解題時間：5分鐘

在空格內填入○、□、△、+、×或－，使橫行、直行和 內的6個符號都不相同。

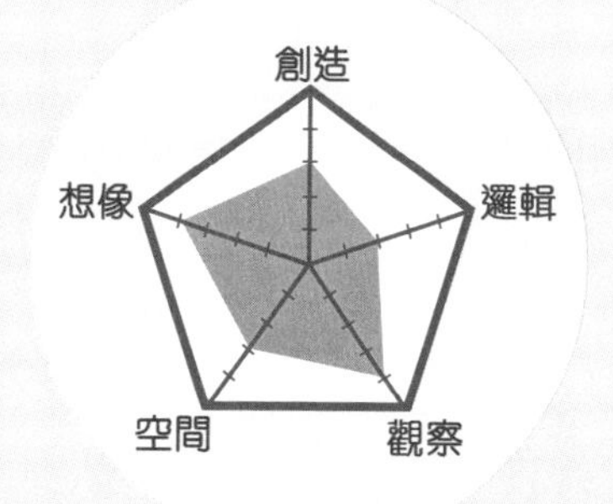

<table>
<tr><td></td><td>○</td><td></td><td>－</td><td></td><td></td></tr>
<tr><td></td><td></td><td>+</td><td></td><td>△</td><td></td></tr>
<tr><td>+</td><td></td><td>○</td><td></td><td></td><td></td></tr>
<tr><td></td><td></td><td></td><td></td><td></td><td>△</td></tr>
<tr><td></td><td>×</td><td>△</td><td></td><td></td><td>+</td></tr>
<tr><td></td><td></td><td></td><td></td><td>□</td><td>×</td></tr>
</table>

解題攻略

想想有符號不可能出現的地方。

左腦訓練 2

解題時間：10秒

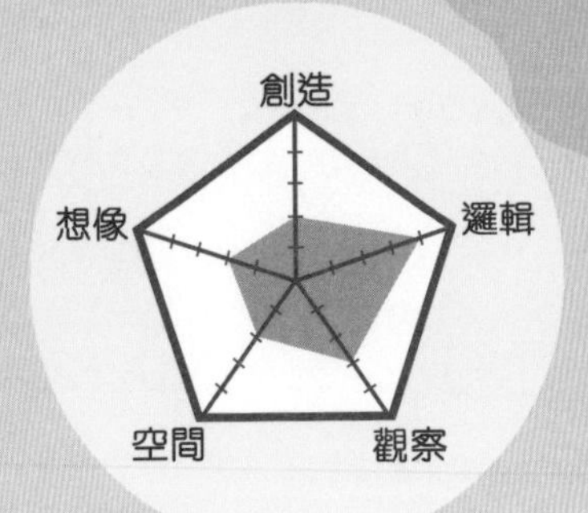

下面算式中的A和B是個位數，那麼A和B分別是多少？

$$A \times A \times B \times B$$

$$= 900$$

解題攻略

試把兩個A和兩個B分為相同的兩組，即C x C = 900。

右腦訓練2

解題時間：20秒

下面哪兩個方格內的圖形完全相同？（備注：圖形在方格內的位置不拘。）

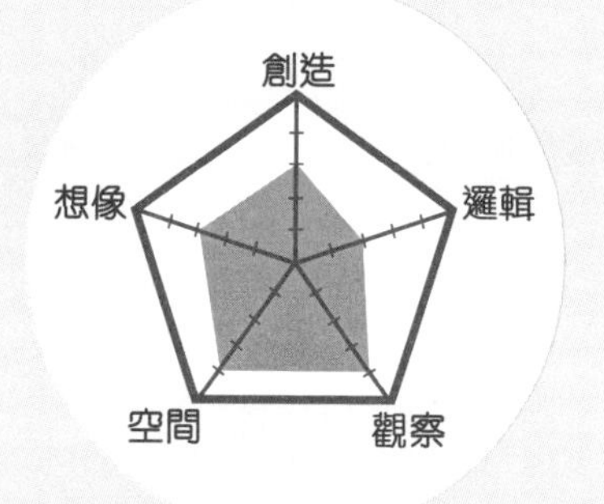

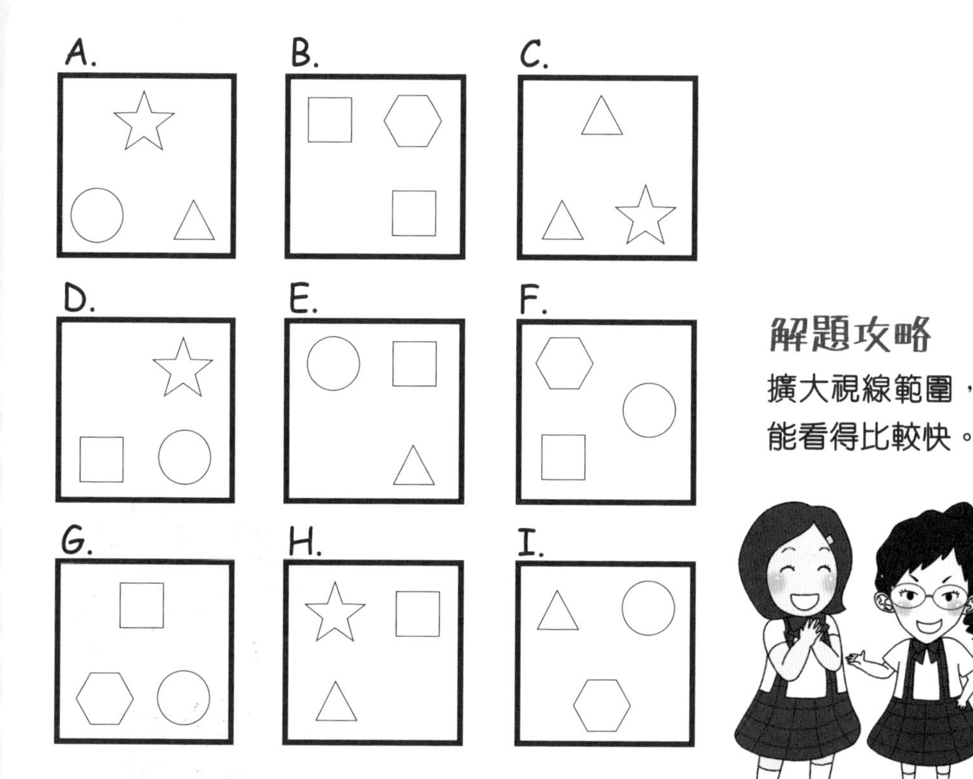

解題攻略

擴大視線範圍，
能看得比較快。

左腦訓練3

解題時間：10秒

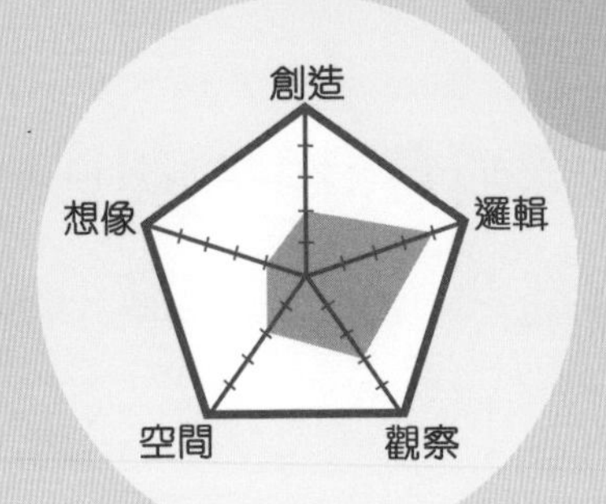

下圖中，A代表的數字可同時整除左面的數，它共有多少個可能性？

12
18
24
15

÷ A

解題攻略
可先找出左面那些數的公因數。

右腦訓練3

解題時間：30秒

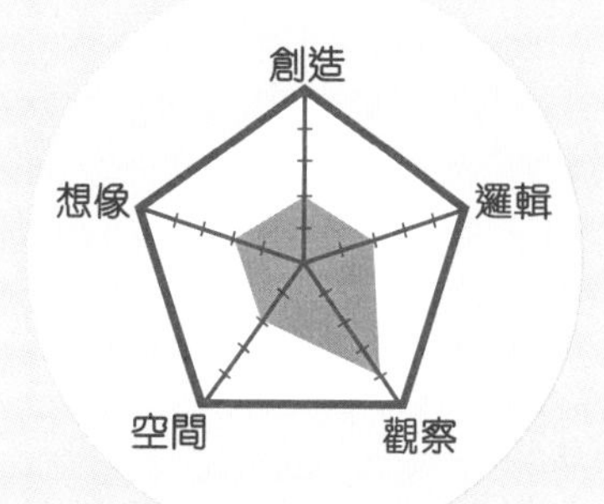

下面哪個數與其餘5個數的性質不同？

A. 10101	B. 121	C. 10131
D. 110011	E. 1331	F. 100111

解題攻略

使用整除性的檢定來計算。

左腦訓練4

解題時間：30秒

畫出由起點走到終點的路線，注意經過的每格答案均為9，不可斜向前進。

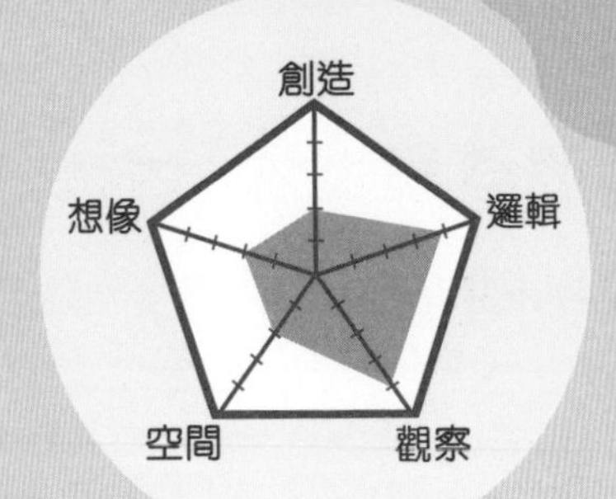

17+8	7×2-5	5+4	起點
(15+12)÷3	105-48×2	5×8+2	20-11
7+(59-57)	27-3×9	56-47	30÷2-6
終點	16+8-15	8-6×7	40+5×2

解題攻略

進行四則運算時，
要先乘除後加減。

解題時間：10秒

下圖可摺成哪個立體圖形？

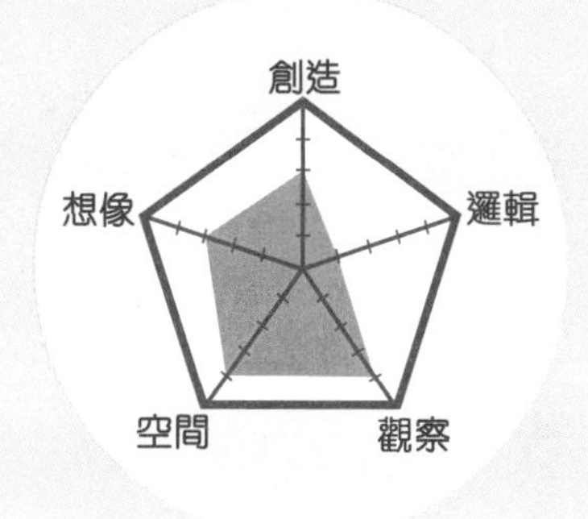

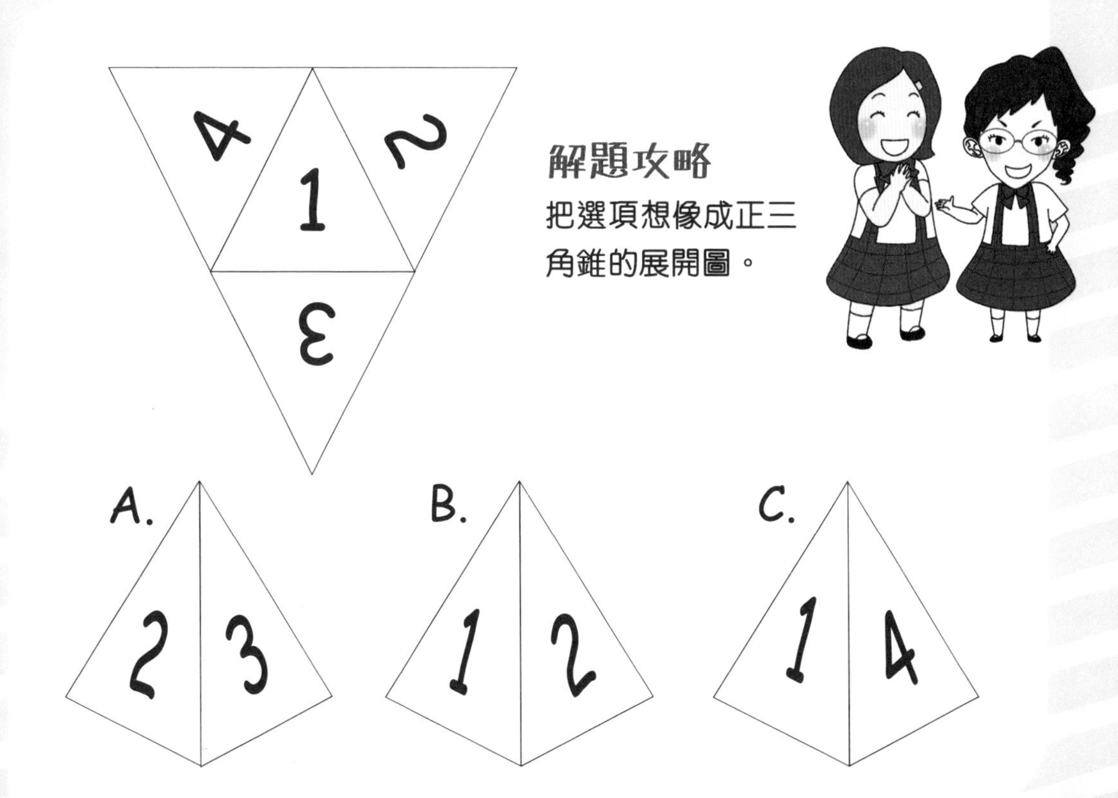

解題攻略

把選項想像成正三角錐的展開圖。

左腦訓練 5

解題時間：1分鐘

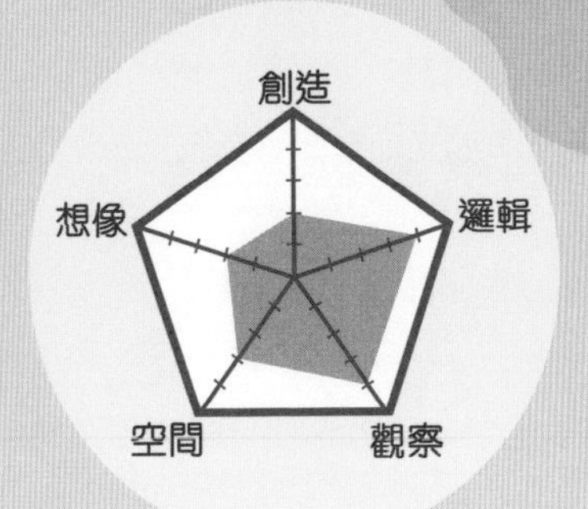

下圖是由兩個大小不同的正方形組成的，計算綠色部分的面積。

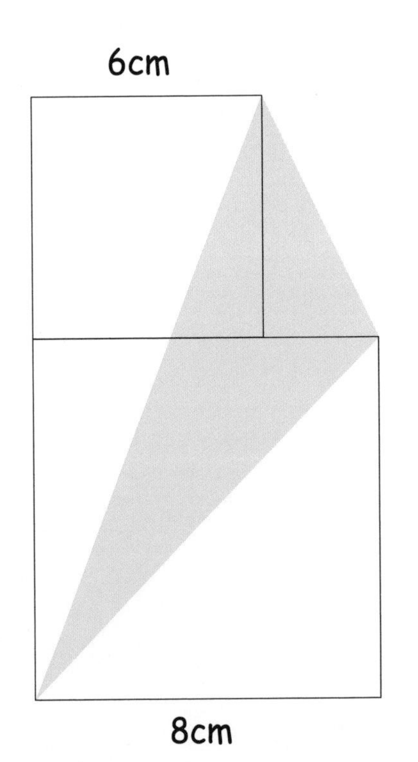

解題攻略

可用填補的方法計算。

解題時間：20秒

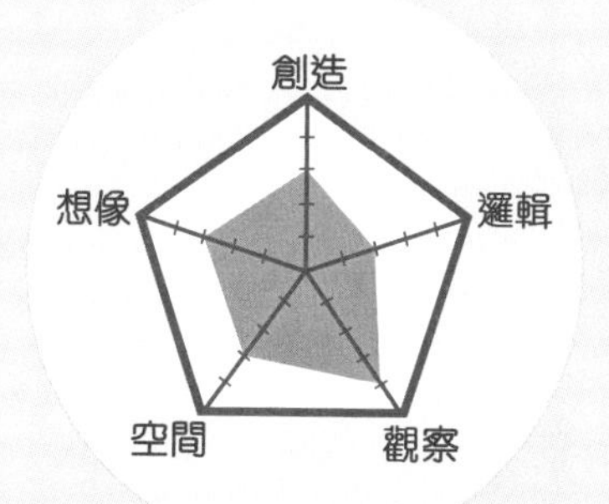

在限定時間內數出6和9各有多少個。

6	9	9	6	9	6
6	6	9	6	6	9
9	6	6	9	6	6
6	6	6	9	9	6
6	9	6	9	6	9
6	6	9	6	6	6

解題攻略

先計算共有多少個數字，再數一數數量較少的數字。

左腦訓練 6

解題時間：20秒

下圖是一副七巧板，計算綠色部分的面積。

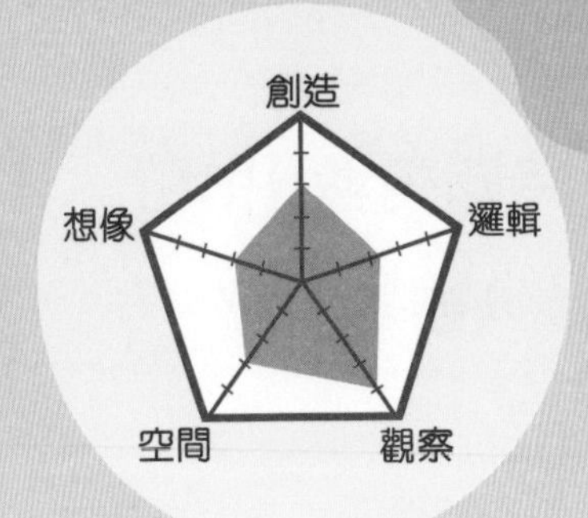

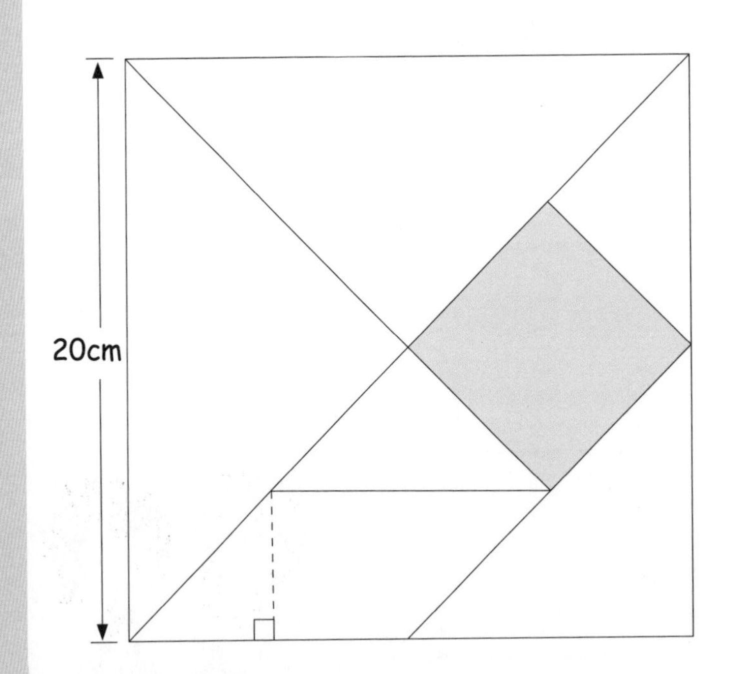

解題攻略

綠色部分的面積與哪一個圖形的面積相同？

解題時間：20秒

用左手一筆過畫出下面的圖形，畫過的地方不可以重複。

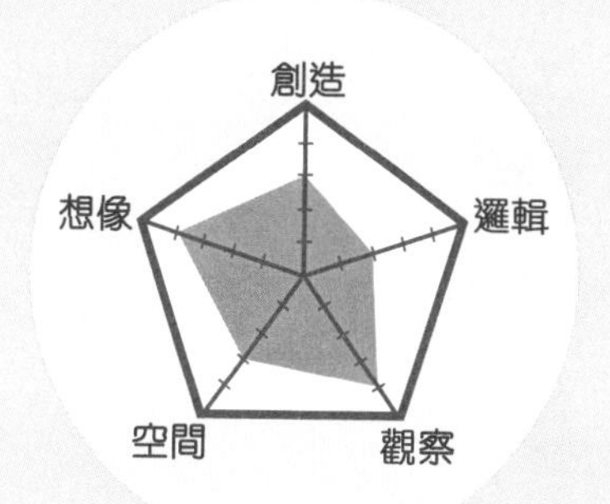

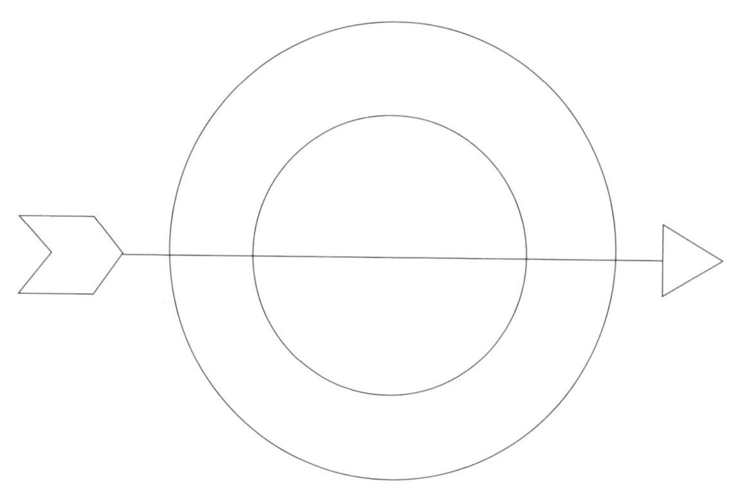

解題攻略

先確定哪一點是起點。

左腦訓練 7

解題時間：1分鐘

根據下面的條件，☆代表什麼？

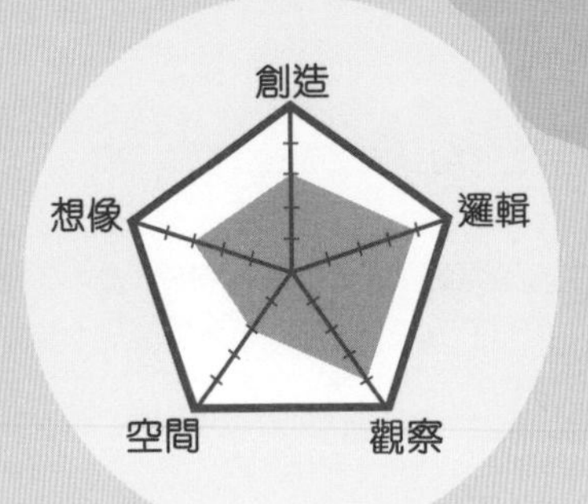

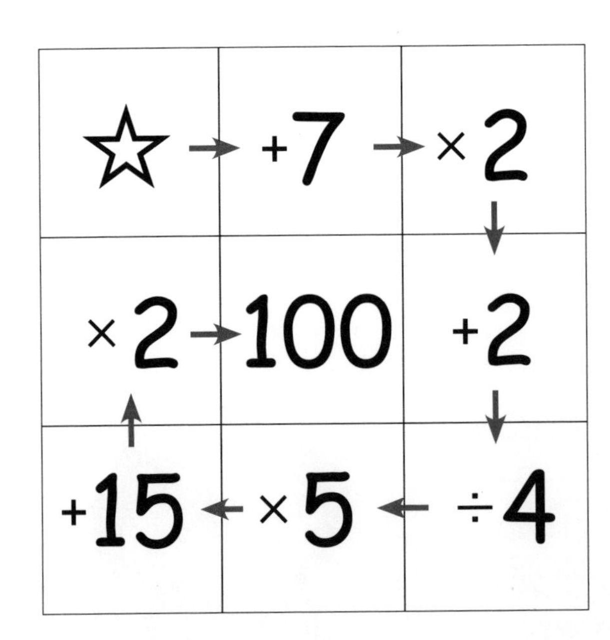

解題攻略

從答案開始逆向推算出☆是什麼。

解題時間：30秒

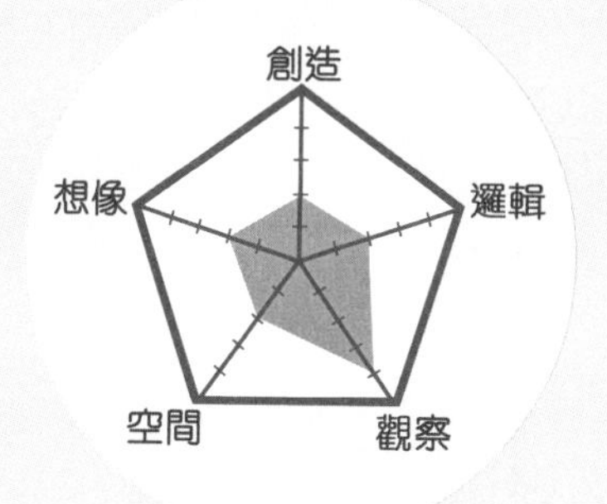

下面9個數之和是多少？

25	23	27
164	166	165
198	201	204

解題攻略

先計算每一橫行中3個數的平均數。

左腦訓練 8

解題時間：3分鐘

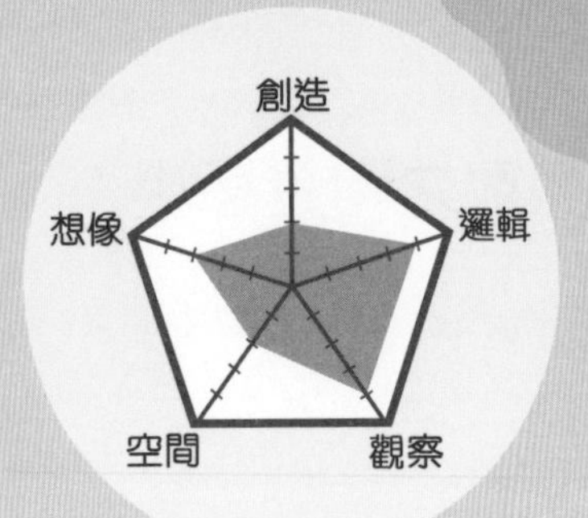

如何用4個2，排成一條得出13的算式？

2 2
2 2 =13

解題攻略

如何透過除法把雙數變成單數？

右腦訓練 8

解題時間：10秒

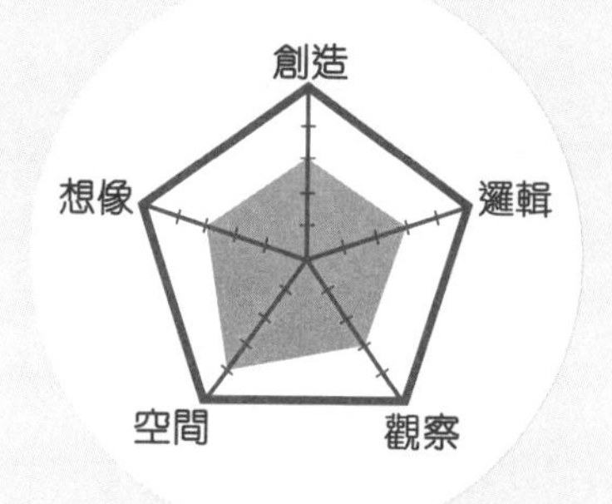

下圖由A至B有3條路徑，
哪一條路徑最短？

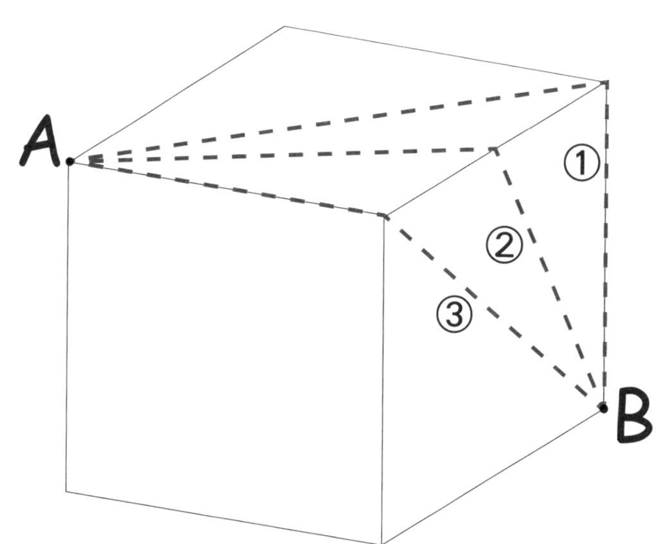

解題攻略

想像正方體展開的模樣。

左腦訓練 9

解題時間：30秒

下圖中的 ☼、☆ 和 ☾ 分別代表什麼？

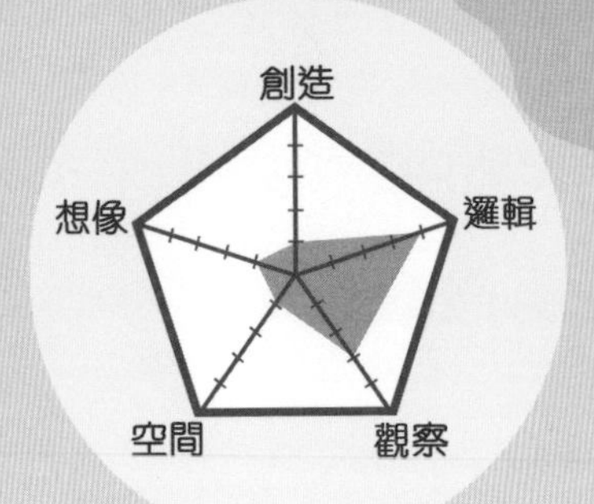

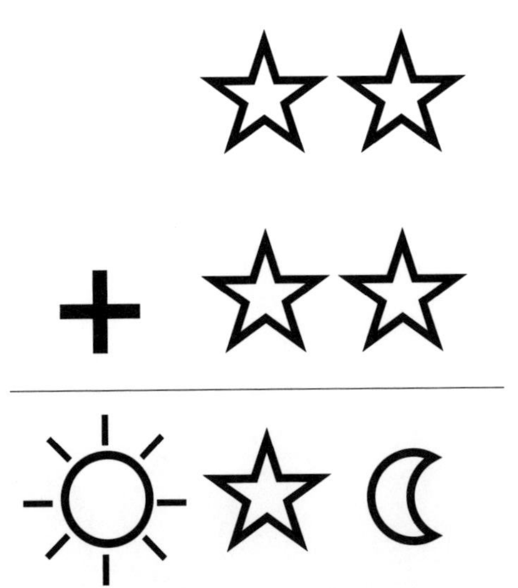

解題攻略

觀察所有十位數字，想想有什麼數字相加，有機會得出自己。

右腦訓練9

解題時間：10秒

下面的泥膠和竹枝可以拼出哪些立體圖形？

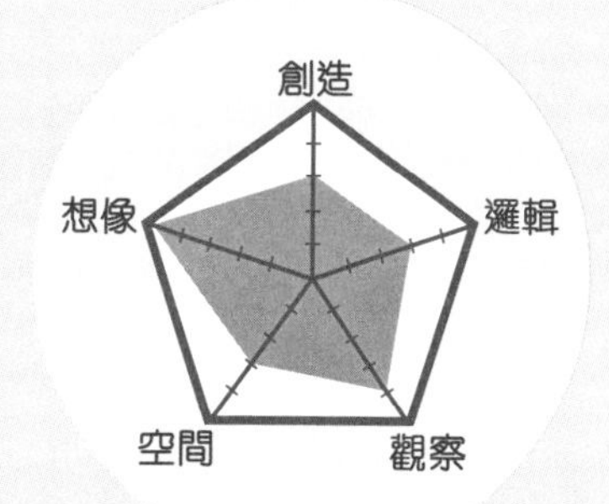

泥膠 

竹枝

A. 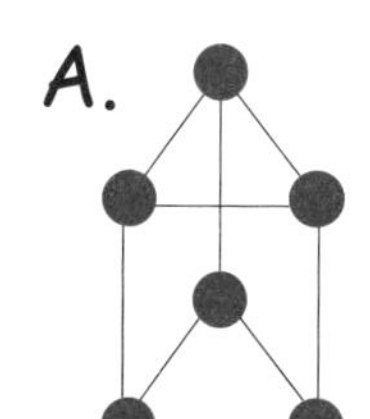

B. 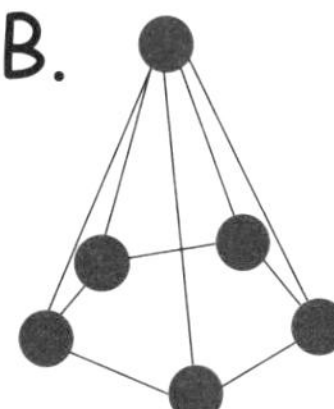

C. 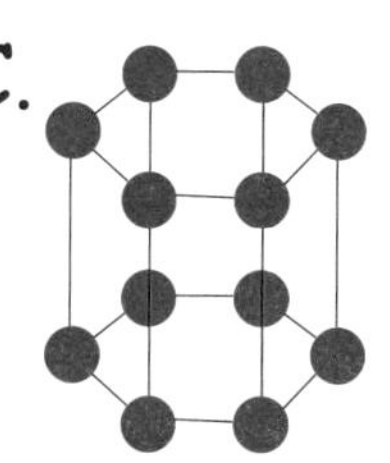

D. 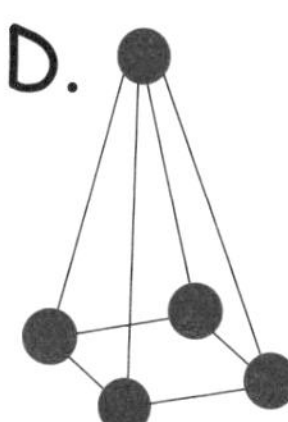

解題攻略

先數數泥膠和竹枝的數目，看看不可能拼出哪些圖形。

左腦訓練 10

解題時間：1分鐘

下面算式中的A、B和C分別代表什麼？

創造
邏輯
觀察
空間
想像

$$A \times B \times C = A + B + C$$

解題攻略

A、B和C代表的數數值很小。

右腦訓練10

解題時間：20秒

在下面的方格內放入6個「X」，但每一橫行、直行和斜行上最多只能放兩個「X」。

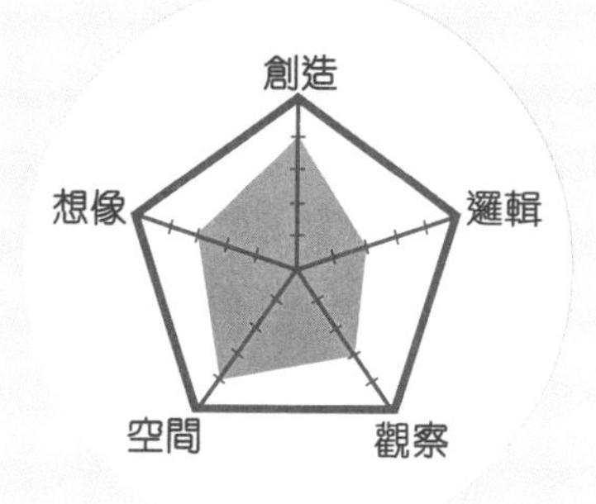

解題攻略

可先放在其中一條對角線上。

左腦訓練 11

解題時間：1分鐘

在空格內填入適當的數字，使下面的乘式成立。

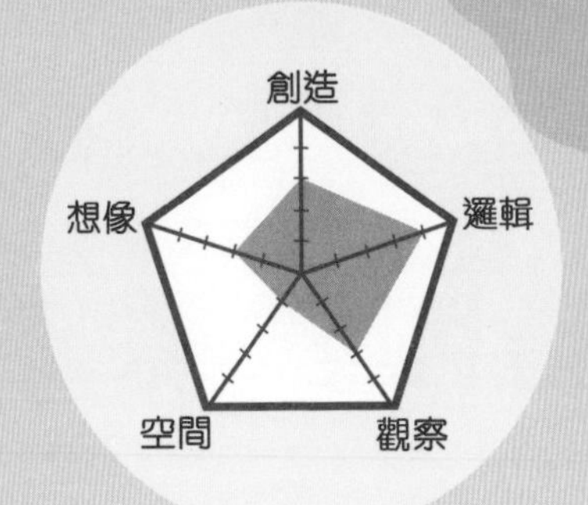

		□	3
×		2	□
1	4	□	0
	□	5	7
□	1	□	7

解題攻略

被乘數的個位是3，想想乘數的個位是什麼，才能得出7。

解題時間：3分鐘

下面算式中的☆、◇、◎分別代表什麼？

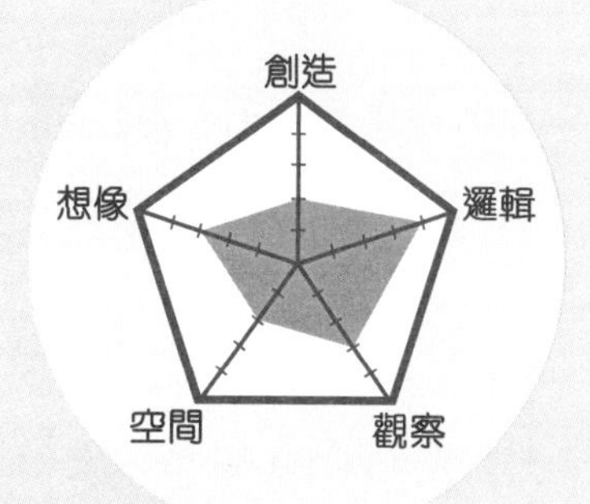

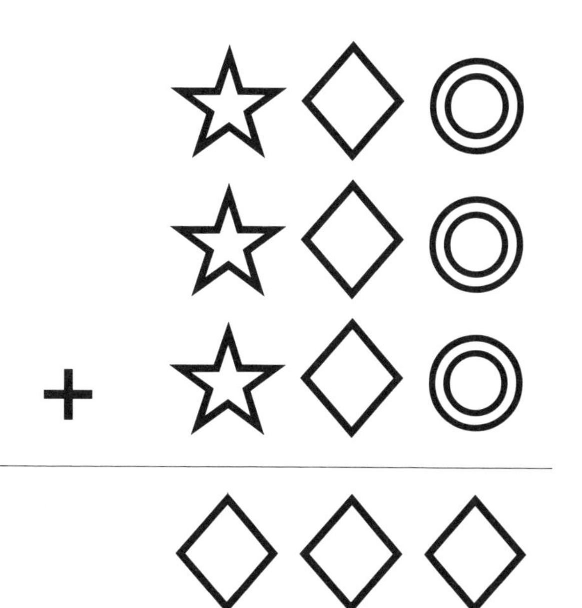

解題攻略

留意答案的百位、十位和個位數字與各加數的十位數字是相同的。

左腦訓練12

解題時間：20秒

有一疊相同數量的1000元、500元、100元和50元紙幣，那麼有多少張1000元紙幣？

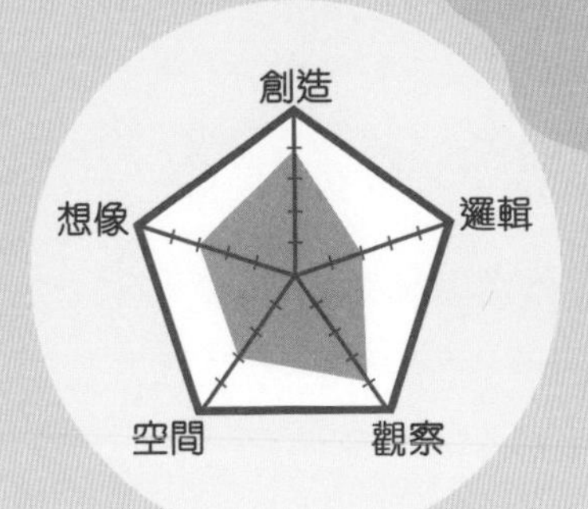

$1000	…………	
$500	…………	$14850
$100	…………	
$50	…………	

解題攻略

有多少個1000元、500元、100元和50元的組合？

解題時間：5秒

如果從上面的角度觀察下圖，你看到的是哪一個圖形？

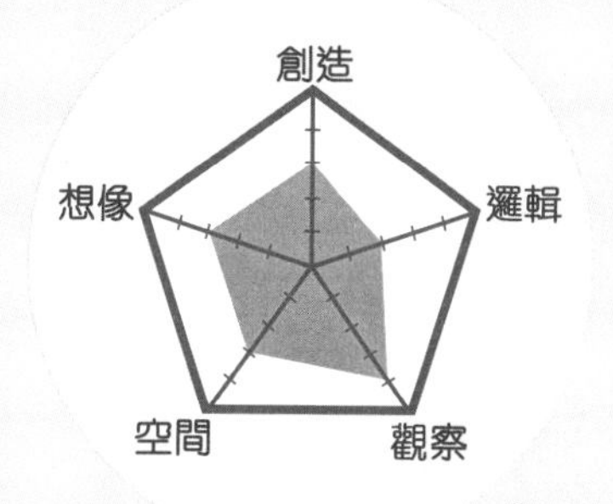

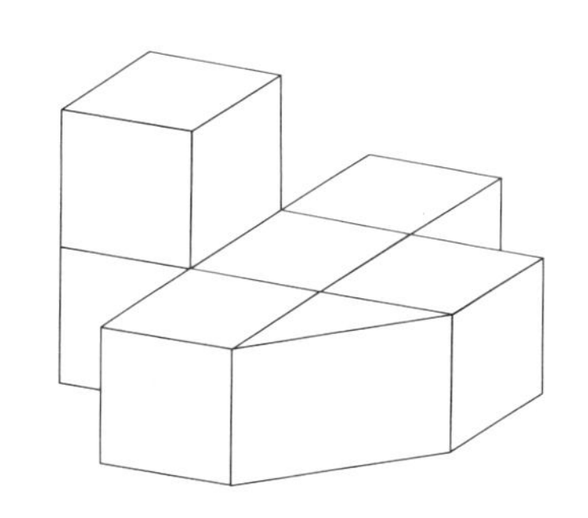

解題攻略

有些積木是三角柱體。

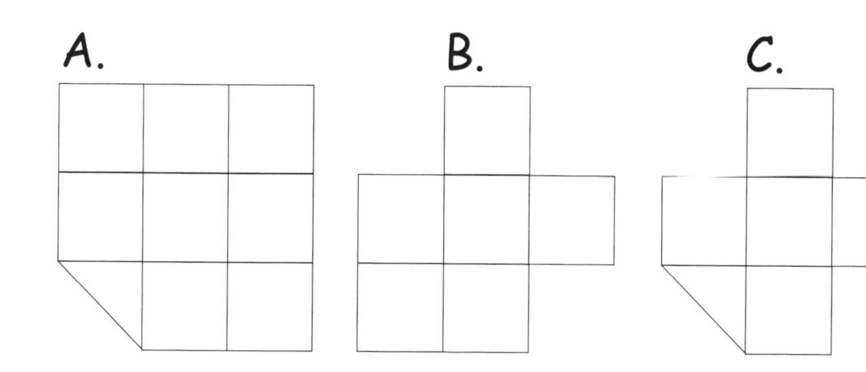

左腦訓練13

解題時間：1分鐘

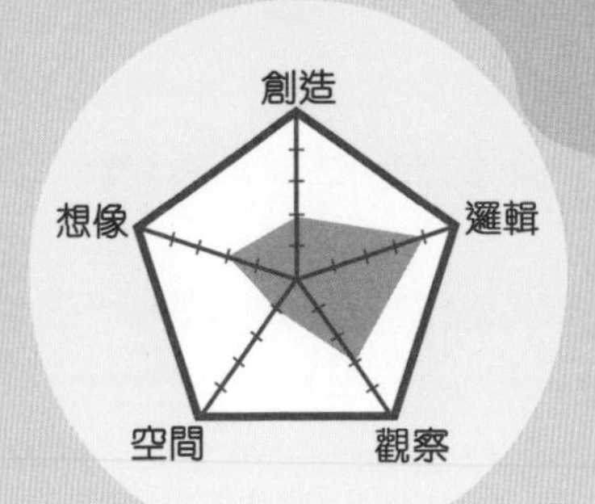

下面算式中的A和B分別代表什麼？

$$
\begin{array}{r}
A \\
A \\
A \\
A \\
A \\
A \\
+\ A \\
\hline
BA
\end{array}
$$

解題攻略

留意A相加了多少遍，可以得出自己。

解題時間：20秒

下圖是一把長13cm的直尺，由哪個刻度至另一個刻度的距離為12cm？請畫出來。

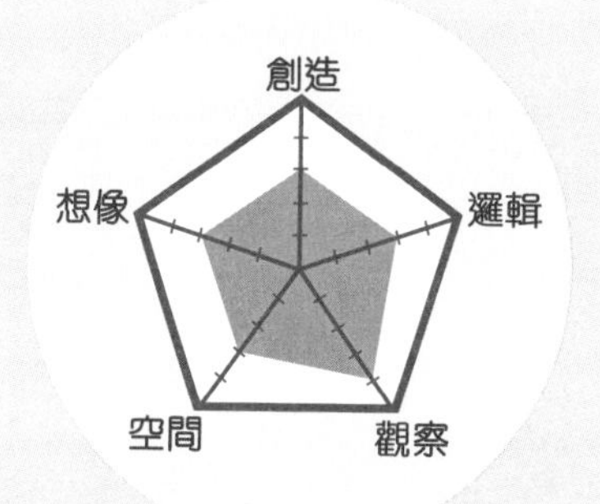

1	4	5	11

解題攻略

觀察刻度之間的距離。

左腦訓練14

解題時間：1分鐘

在空格內填入適當的數字，使下面的除式成立。

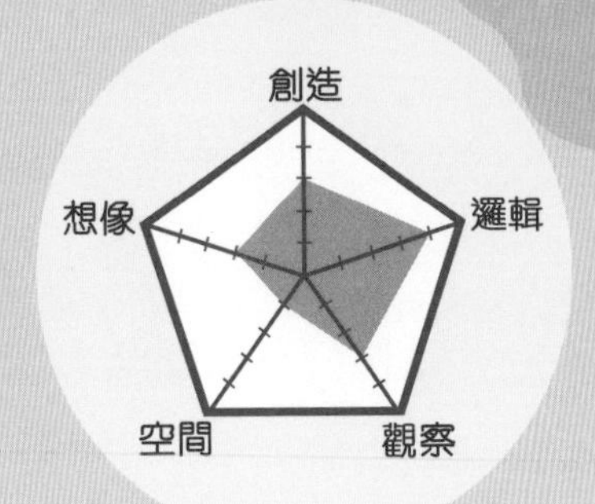


```
            □ 1 □
      ─────────────
□□ )  □ □ □ □
      □ 4
      ─────────────
        □ 7
        4 □
      ─────────────
        2 5 2
        □ □ □
      ─────────────
```

解題攻略

觀察商的十位是1，即除數的十位數字是什麼。

右腦訓練14

解題時間：2分鐘

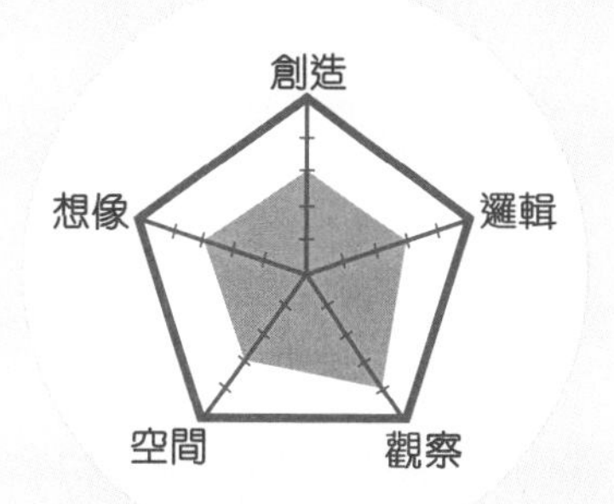

下圖是由3個大小不同的正方形組成的，計算綠色部分的面積。

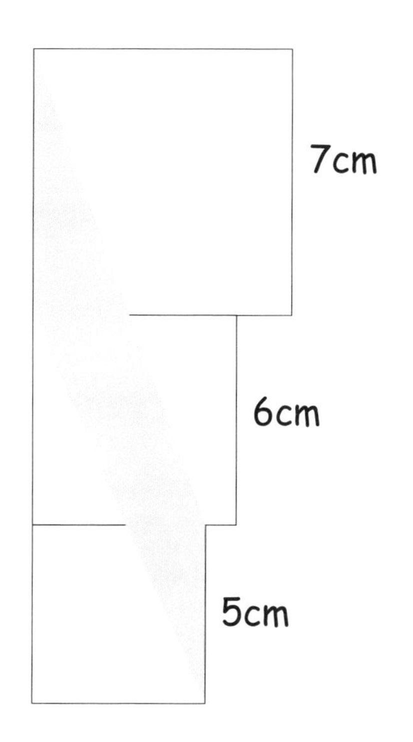

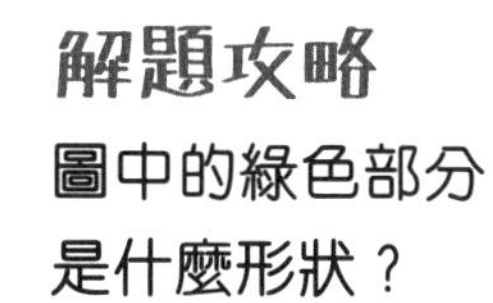

左腦訓練15

解題時間：1分鐘

下圖中每個圖案代表一個數字，每橫行和直行相加的結果都寫於圖外，各個圖案分別代表什麼？

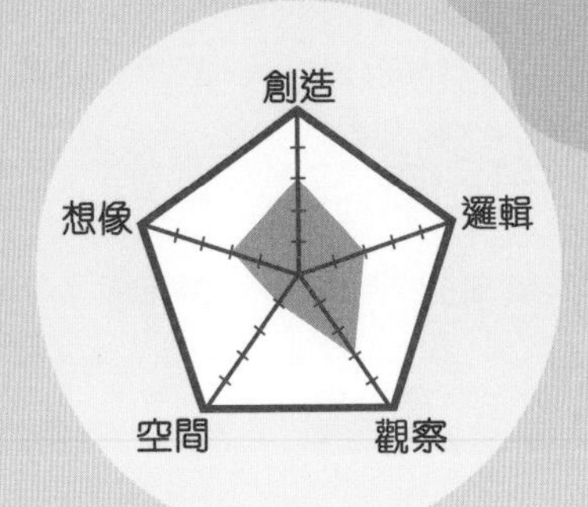

解題攻略

先看看哪一行的圖案相同。

解題時間：3分鐘

下圖是一個正六邊形，它的面積是24cm^2。計算當中三角形（綠色部分）的面積，三角形的角位於每條邊的中間點。

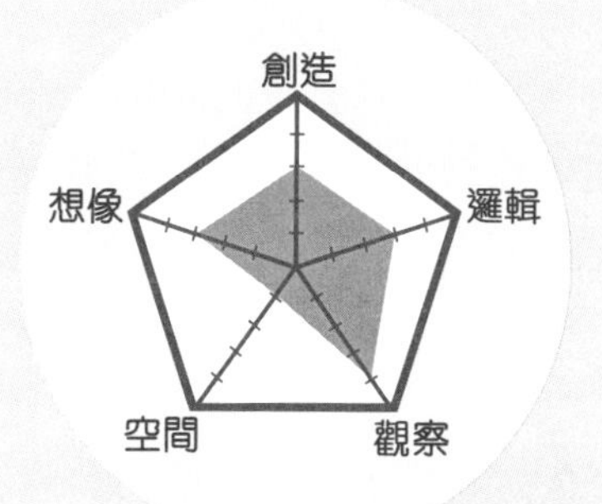

解題攻略

把六邊形分成若干個大小相同的三角形。

左腦訓練16

解題時間：10秒

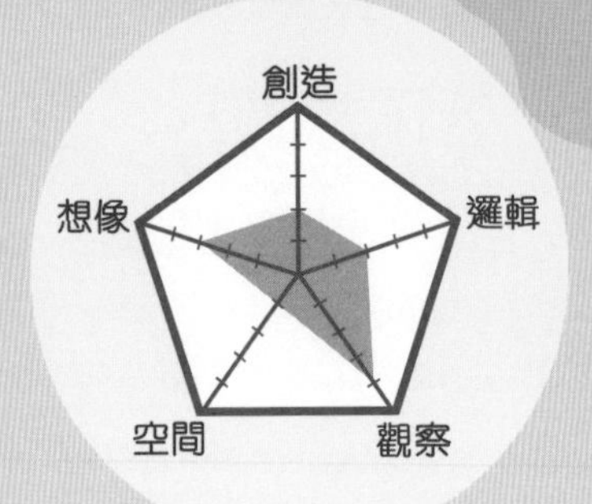

下面算式中的「？」

代表什麼？

$$11 \times 11 = 121$$

$$101 \times 101 = 10201$$

$$1001 \times 1001 = 1002001$$

$$10001 \times 10001 = ?$$

解題攻略

觀察算式中「0」

的數目。

解題時間：30秒

畫出下圖摺成正方體後的圖案。

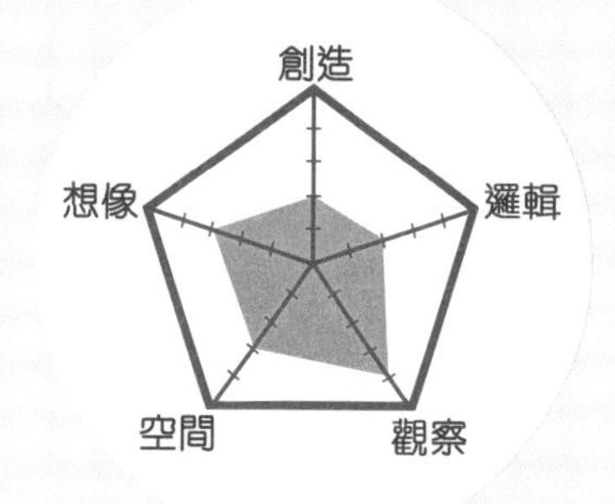

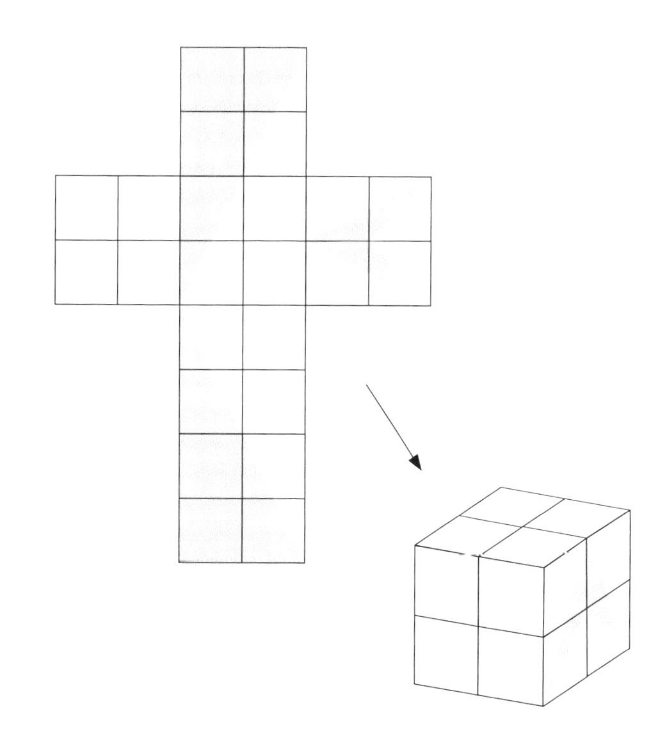

解題攻略

可把圖像旋轉至合適的位置，再想像摺成立體的圖形。

左腦訓練17

解題時間：1分鐘

下面的☆代表什麼？

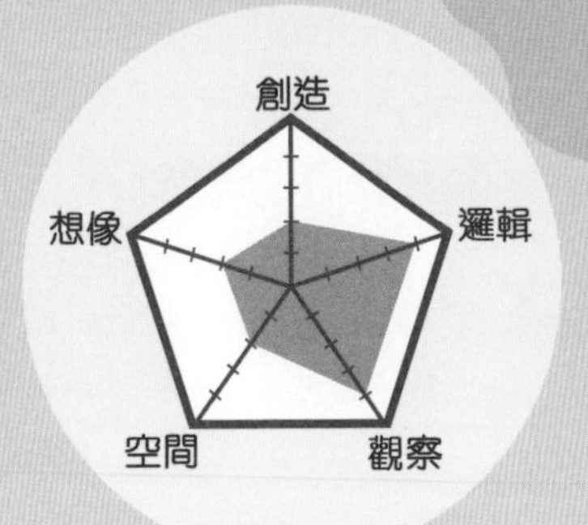

11	2	5	12
7	8	3	32
16	3	9	21
8	4	1	☆

解題攻略

觀察每一橫行數字之間的關係。

右腦訓練17

解題時間：10秒

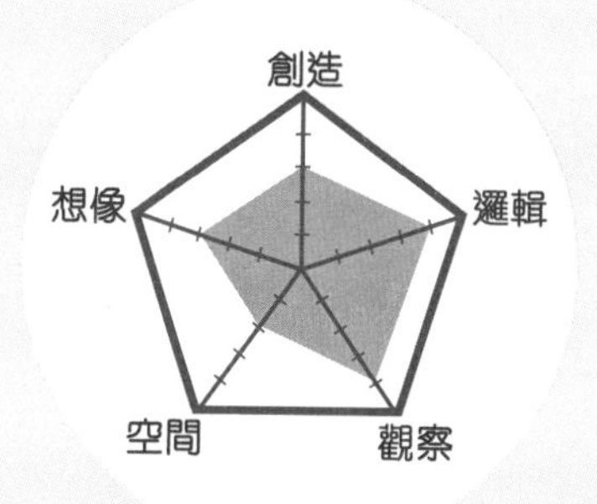

在下圖中畫出代表$\frac{3}{4}$的位置。

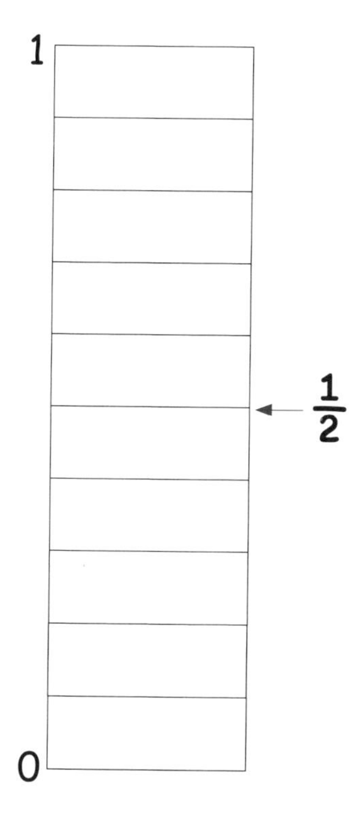

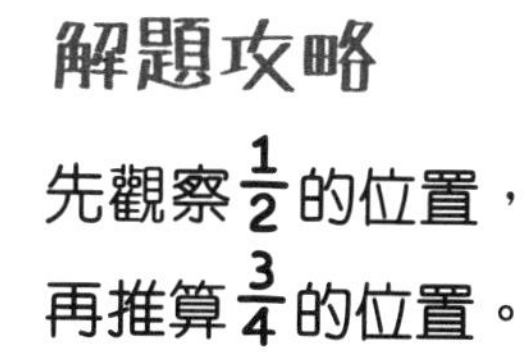

解題攻略

先觀察$\frac{1}{2}$的位置，再推算$\frac{3}{4}$的位置。

左腦訓練18

解題時間：30秒

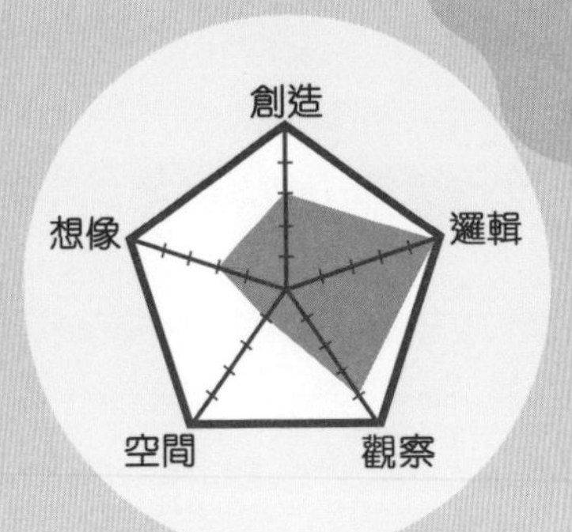

觀察下面10個數，由第3個數開始其數值是先前兩個數之和，它們的總和是多少？

$$
\begin{array}{r}
5 \\
8 \\
13 \\
21 \\
34 \\
55 \\
89 \\
144 \\
233 \\
+\ \ 377 \\
\hline
???
\end{array}
$$

解題攻略

答案是第七個數的11倍。

右腦訓練18

解題時間：20秒

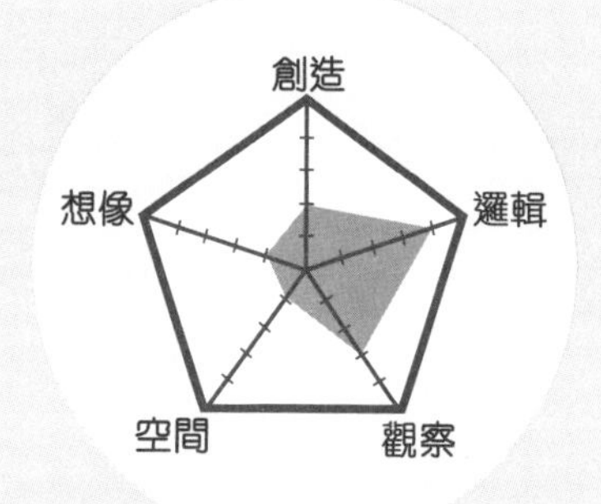

下面的正方形內應填入什麼數字？

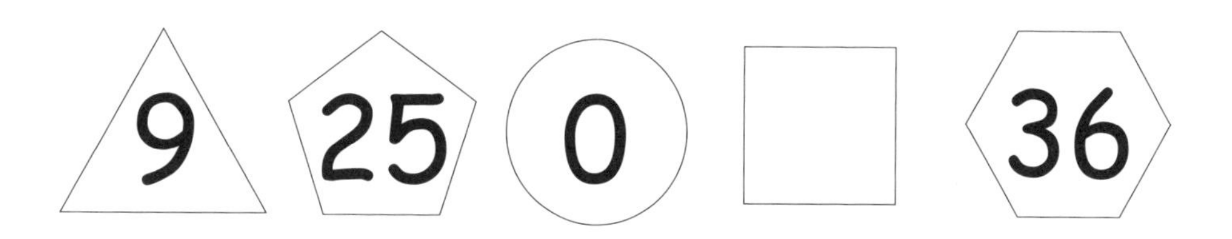

解題攻略

留意圖形的邊的數目。

左腦訓練19

解題時間：10秒

觀察下面直式的例子，

然後快速計算下題。

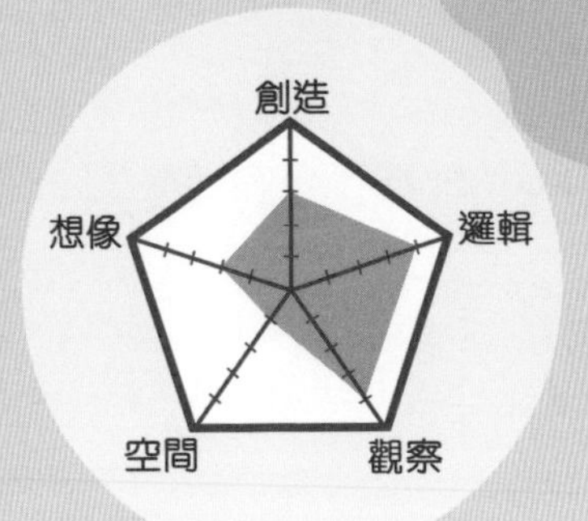

例：

(a)
$$\begin{array}{r} 23 \\ \times\ 27 \\ \hline 621 \end{array}$$

(b)
$$\begin{array}{r} 34 \\ \times\ 36 \\ \hline 1224 \end{array}$$

(c)
$$\begin{array}{r} 41 \\ \times\ 49 \\ \hline 2009 \end{array}$$

$$\begin{array}{r} 58 \\ \times\ 52 \\ \hline \end{array}$$

解題攻略

根據粉紅色方框的提示，找出規律。

右腦訓練19

解題時間：1分鐘

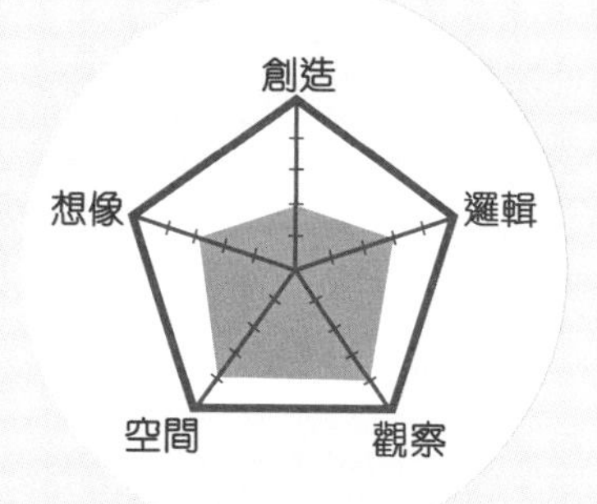

下面各算式中的符號分別代表什麼？

(a) × = 48

(b) × = 72

(c) × = 30

解題攻略

找出48、72和30的所有因數。

左腦訓練 20

解題時間：5分鐘

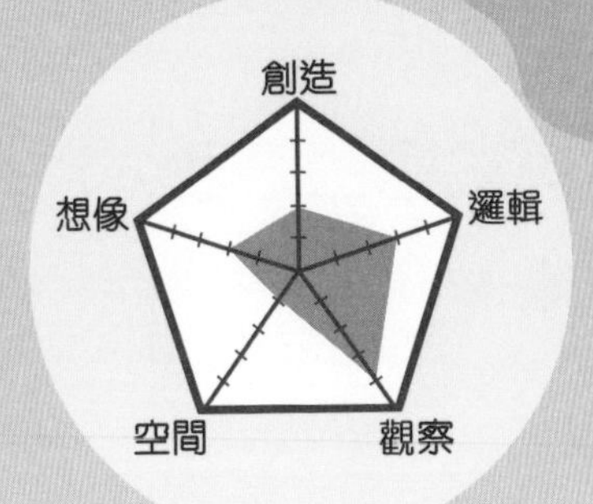

下面算式中的☆和△分別代表什麼？

1	☆	△

＋

1	☆	△

＝

1	△	☆

＋

△	1	☆

解題攻略

「☆＋☆」得出的個位數字和「△＋△」得出的個位數字相同。

解題時間：5秒

下圖中的「●」在黑線的圈內嗎？

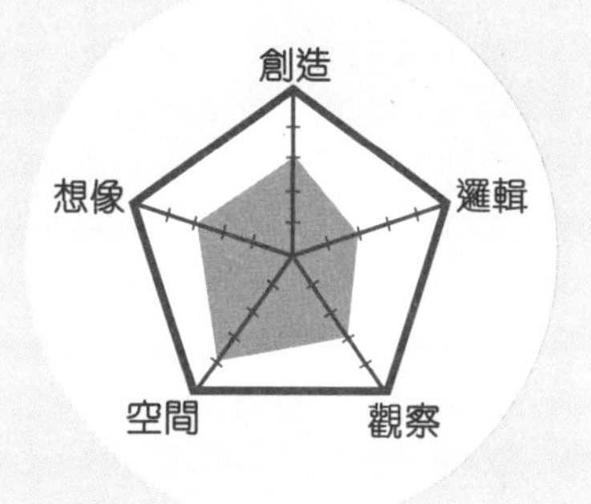

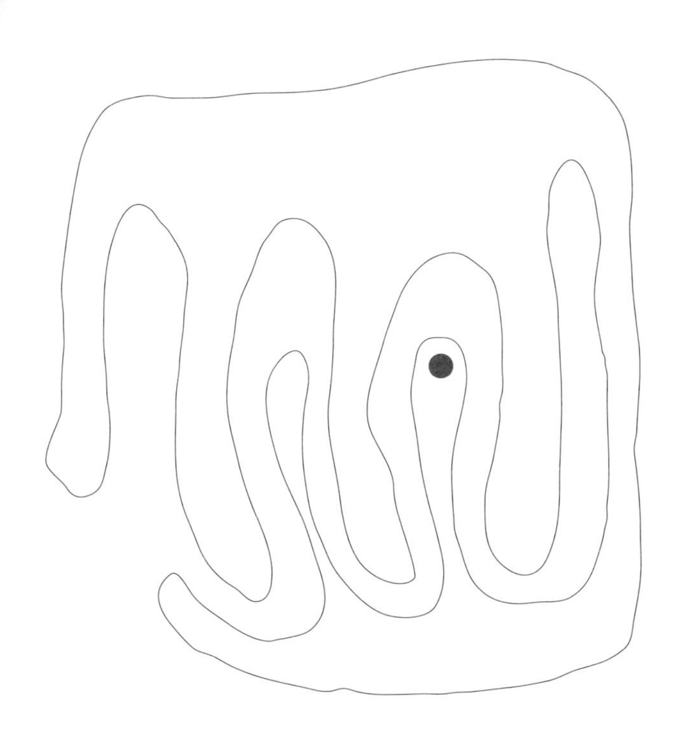

解題攻略

把視線放遠一點，能更快看到。

數學小實驗

如果我把左面的正方形剪成 4 份，然後拼成右面的長方形。你知道會發生什麼怪事嗎？

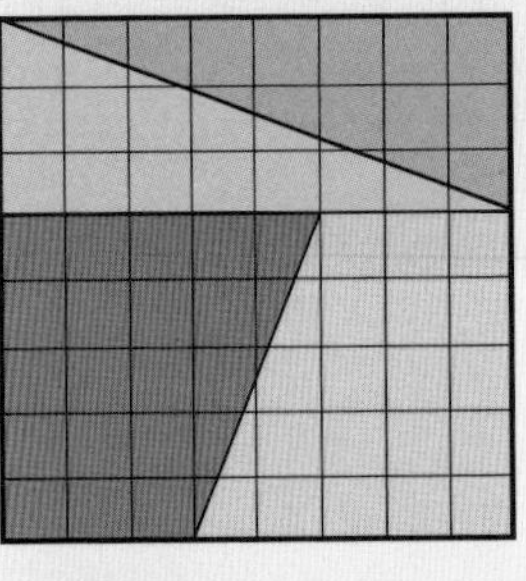

面積是：

$8 \times 8 = 64$（cm^2）

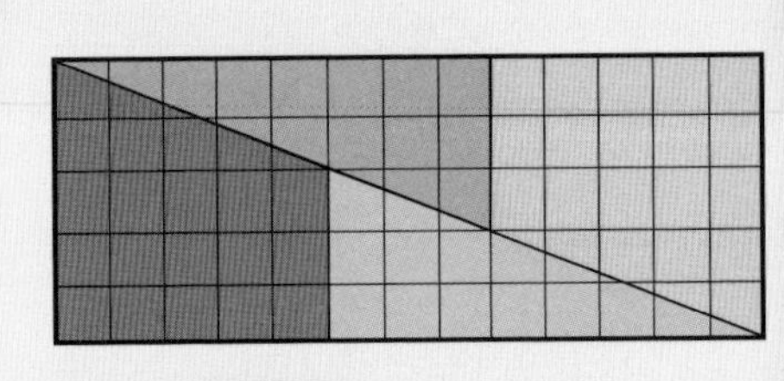

面積是：

$5 \times 13 = 65$（cm^2）

那多出來的 1(cm^2) 到底從哪裏來呢？

不如你來試試看，按上圖把正方形剪開，再拼一拼吧！

其實剪開的正方形根本無法拼成一個完整的長方形，中間會留有一道面積是1(cm^2)的縫隙啊！

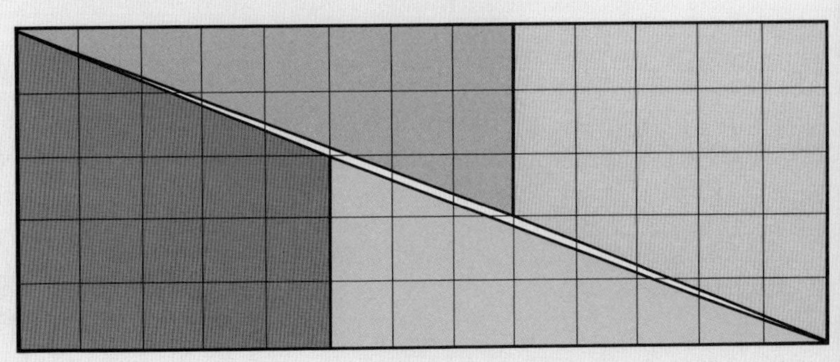

答案

新手初試篇

左腦訓練

1.

4	2	3	1
1	3	4	2
2	4	1	3
3	1	2	4

2. $\frac{7}{12} = \frac{1}{\boxed{3}} + \frac{1}{\boxed{4}}$

3. $(7) \boxed{\times} (3) = (21) = (16) \boxed{+} (5)$

4. 綠色部分是一個正方形，它的邊長是8cm。
   它的面積是：
   $8 \times 8 = 64\ (cm^2)$

5. $\frac{1}{2} + \frac{1}{6} = \frac{\boxed{6}}{9}$

6. 6個，分別是：
   2487、2847、4287
   4827、8247、8427

7. 每一橫行數字之間的關係是：
   16 + 27 = 43
   21 + 18 = ☆
   15 + 37 = 52
   因此☆ = 39

8. 檢定9的整除性是答案各數字之和是9的倍數。
   因此☆ = 8

9. 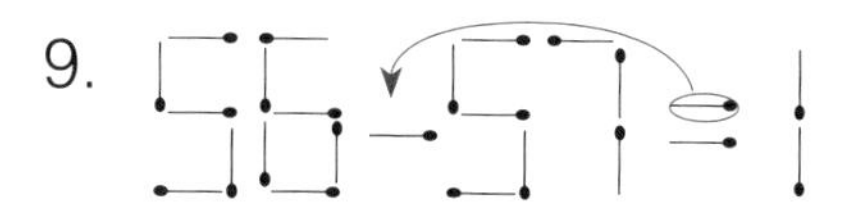

10. 102 ÷ (10 + 5 + 2) = 6
    因此，共有6個10元硬幣。

右腦訓練

1. 參考答案：

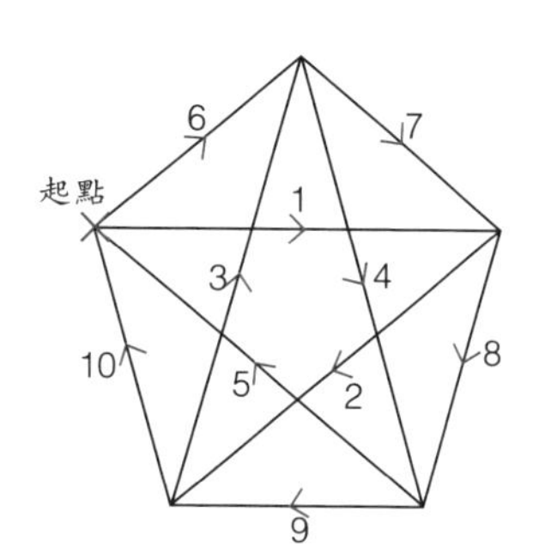

2. 長方形

3. C

4. A、B和D

5. 12個

6. 23個

7. 塗6格

8. 3次

9.

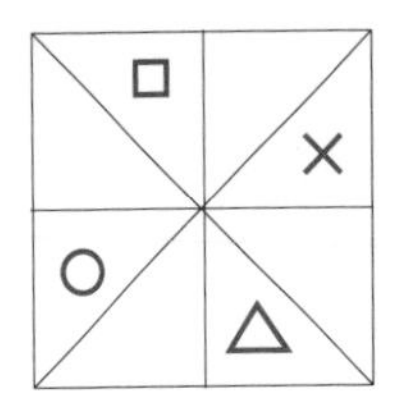

10. B

升級挑戰篇

左腦訓練

1.

1	7	8
3	4	5
2	6	9

或

1	7	8
2	4	6
5	3	9

或

3	5	8
2	4	6
7	1	9

備注：除了9以外，每一橫行的數字次序不拘。

2. 共3種：

組合①：$100 $100

組合②：$100 $50 $50

組合③：$100 $50 $10 $10 $10 $10 $10

3. 10

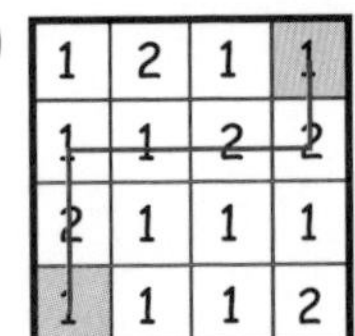

或

1	2	1	1
1	1	2	2
2	1	1	1
1	1	1	2

或

1	2	1	1
1	1	2	2
2	1	1	1
1	1	1	2

4. 大正方形的邊長是：

$2 + 5 + 2 = 9$ (cm)

全圖的周界是：

$9 \times 4 + 5 \times 2 = 46$ (cm)

5.

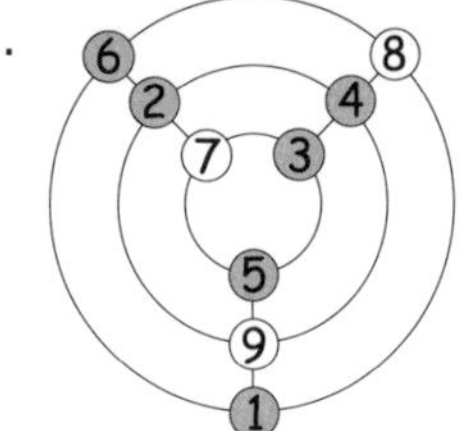

6. 綠色部分的面積是：

$$10 \times 10 - \frac{10 \times 10}{2} = 50\ (\text{cm}^2)$$

7.

$$\begin{array}{r} 848 \\ +\ 152 \\ \hline 1000 \end{array} \quad 或 \quad \begin{array}{r} 858 \\ +\ 142 \\ \hline 1000 \end{array}$$

8.

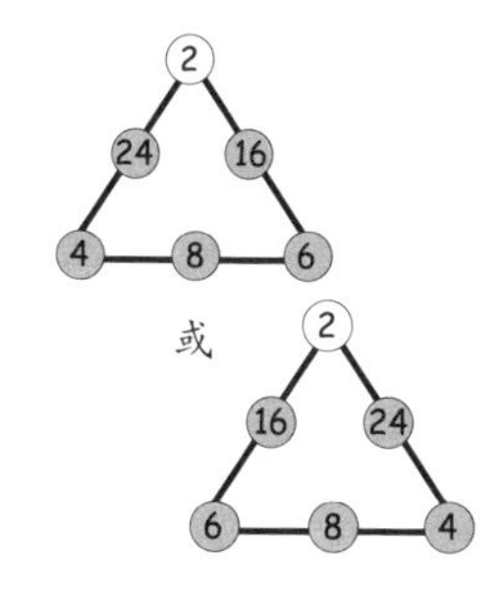

9. 14

10. M☆N = M + (7 × N)
M☆N = 36
即 M + 7 × N = 36
當 N= 1，M = 29
N= 2，M = 22
N= 3，M = 15
N= 4，M = 8
N= 5，M = 1

11. 423 **20** 或 423 **60**

12. 四邊形內共有9個數，它們的平均數是23。
因此四邊形內的數之和是：
23 × 9 = 207

13. A = 3，B = 8 或
A = 8，B = 3

14. (a) 8 (÷) 2 = 1 (+) 3
(b) 4 (+) 5 = 3 (×) 3
(c) 2 (×) 3 = 19 (－)13

15. 7塊

右腦訓練

1. C

2.

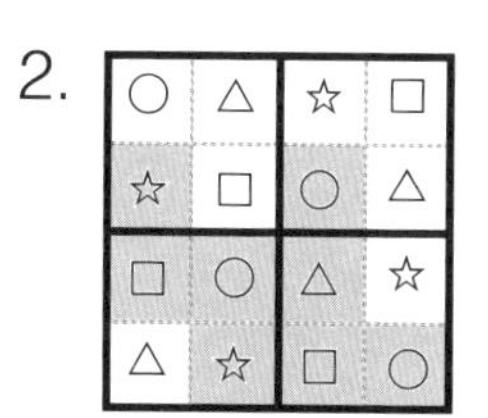

3.

4. A和F、B和D、C和E

5. E和I

6.

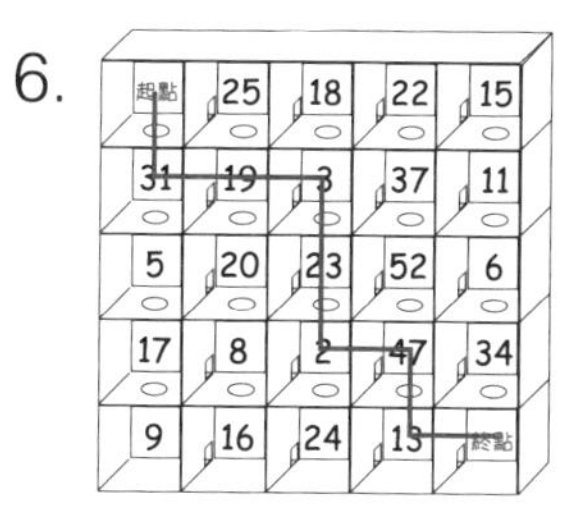

7. 第12層

8. 圖形A和圖形B的周界相等。

9.

23	16	12	27
34	11	32	18
24	20	19	22
30	17	21	9

10.

4	6	8
9	10	13
12	17	19

11. 45個

12. 略

13. △ + ▯ = 110

△ + ▯ + △ + ▯ + △ = 295

110 ＋ 110 + △ = 295

△ = 75

因此 ▯ = 35g

14. (a) 34－16 = 18

(b) 33－27 = 6

15. ☆ = 8　▽ = 9

頂上決戰篇

左腦訓練

1. 4447

2. A = 5，B = 6 或
A = 6，B = 5

3. 2個，是1和3。

4.

17+8	7×2-5	5+4	起點
(15+12)÷3	105-48×2	5×8+2	20-11
7+(59-57)	27-3×9	56-47	30÷2-6
終點	16+8-15	8-6×7	40+5×2

5. 綠色部分的面積是：

A　C　B

－A－B－C

$= 8 \times (6+8) - \frac{6\times(6+8)}{2} - \frac{8\times8}{2} - \frac{(8-6)\times6}{2}$

$= 112 - 42 - 32 - 6$

$= 32\ (cm^2)$

6. 綠色部分的面積與平行四邊形的面積相同。
它的面積是：

$\frac{20}{2} \times \frac{20}{4} = 50\ (cm^2)$

7. ☆ = 6

8. $\frac{22}{2} + 2 = 13$

9. ☼ = 1
☆ = 9
☾ = 8

10. A、B、C代表1、2、3。

11.

$$\begin{array}{r} 73 \\ \times\ \ 29 \\ \hline 1460 \\ 657 \\ \hline 2117 \end{array}$$

12. $14850 \div (1000 + 500 + 100 + 50) = 9$

因此，有9張1000元紙幣。

13. $A = 5 \quad B = 3$

14.

$$\begin{array}{r} 216 \\ 42 \overline{)\ 9072} \\ 84 \\ \hline 67 \\ 42 \\ \hline 252 \\ 252 \\ \hline \end{array}$$

15.

= 5

= 8

= 6

16. 100020001

17. 每一橫行數字之間的關係是：

$(11 - 5) \times 2 = 12$

$(7 - 3) \times 8 = 32$

$(16 - 9) \times 3 = 21$

$(8 - 1) \times 4 = ☆$

因此☆＝28

18. 假設第一個數是A，

第二個數是B，

那麼第三個數便是A + B，

第四個數是B＋(A + B)，

即A + 2B

第五個數是2A + 3B，

第六個數是3A + 5B，

第七個數是5A + 8B，

如此類推，

第十個數是21A + 34B，

因此，

$A + B + \cdots + (21A + 34B)$

$= 55A + 88B$

$= (5A + 8B) \times 11$

$= 89 \times 11$ ←（第七個數）

$= 979$

19. 3016

20. ☆ = 7

△ = 2

右腦訓練

1.

△	○	×	−	+	□
−	□	+	×	△	○
+	△	○	□	×	−
×	−	□	+	○	△
□	×	△	○	−	+
○	+	−	△	□	×

2. F和G

3. A，因為它不能被11整除。

4. A

5. 6：23個　9：13個

6. 參考答案：

●：起點　●：終點

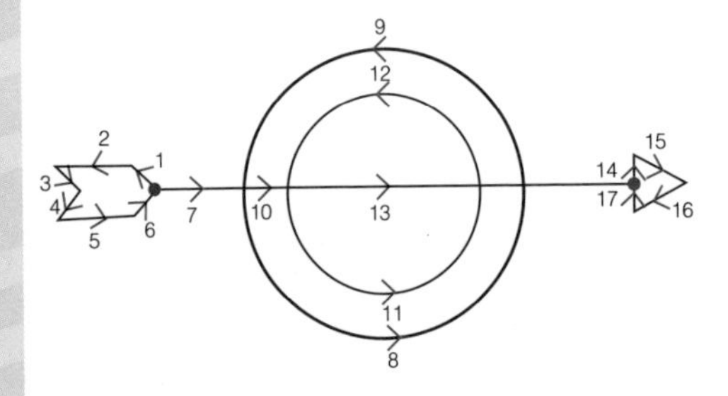

7. 1173

8. ②

9. A、B和D

10.

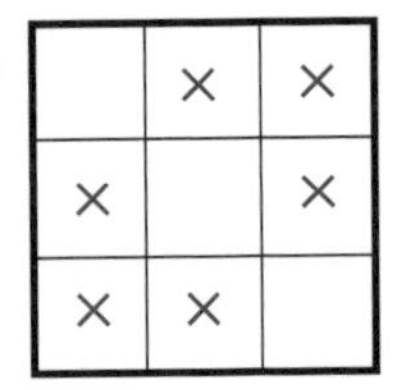

或

×	×	
×		×
	×	×

11. ☆＝1
◇＝4
◎＝8

12. C

13.

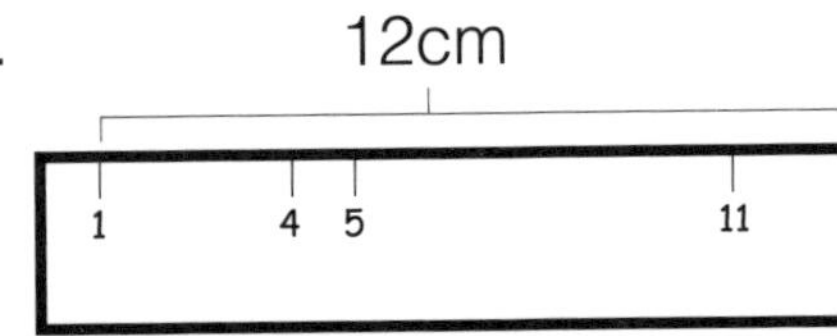

14. 綠色部分是一個梯形。
它的面積是：

$$\frac{(5+7)\times 5}{2}=30\ (cm^2)$$

15. 將六邊形分成24個大小相同的小三角形，其中三角形（綠色部分）的面積佔全圖的 $\frac{9}{24}$，因此它的面積是9 (cm^2)。

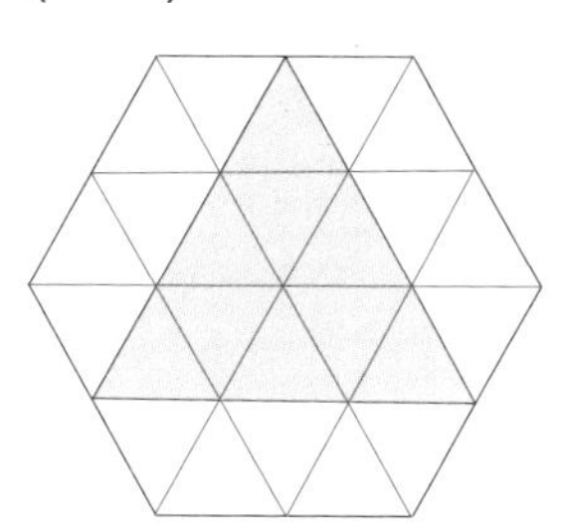

16.

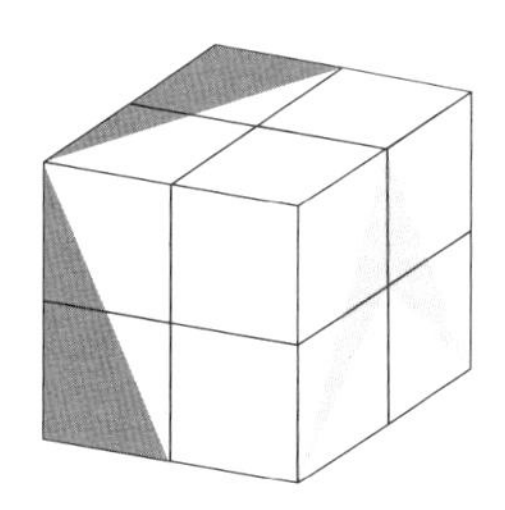

17.

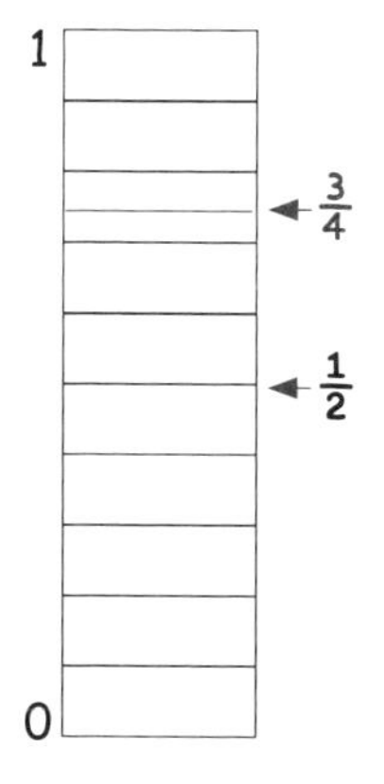

18. 16

19. ● = 4
★ = 6
▲ = 12
■ = 5

20. 它在圈內。

腦袋分析　你左腦和右腦各獲得多少分數？

得分	左腦	右腦
0–20分	你的計算能力平平，這可能是因為時間緊迫，以致你計算時因心情緊張而出現錯誤。 代表人物：胡直  升級建議： 做練習時應盡量放鬆心情，多留意問題的重點，用心學習數學知識。	你可能較習慣使用左腦來思考，以致忽略了右腦的訓練。 代表人物：文樂心 升級建議： 計算時可加入圖像思維來解決問題，一方面更容易理解題目，另一方面可鍛煉右腦的功能。
21–35分	你的計算能力中上，數學知識頗豐富，計算也相對準確。 代表人物：江小柔 升級建議： 多操練可減少思考時間，令計算過程更快，增強你的邏輯思維能力。	你的空間認知和直覺能力中上，在有限的時間做練習能有效地提升你右腦的能力。 代表人物：宋瑤瑤 升級建議： 人類主要靠圖像來接收資訊，所以必須多訓練自己的想像力。把平面圖形立體化，或多用左手刺激右腦發展。
36–45分	你的計算能力非常強，喜歡有條理的思考方式，邏輯能力極佳。你很注重學習，在數學和理科的科目上成就較高。 代表人物：謝海詩  升級建議： 多留意自己有沒有過分着重數學計算，忽略了培養創意思維。	你的圖像思維能力極佳，對空間的認知能力也很強，因此你的創造力相對較好。你比較擅長藝術，如欣賞音樂或圖畫。 代表人物：高立民  升級建議： 多運用想像力把圖形想為立體空間，並從不同角度去聯想。